全屋墙面装饰手册

Whole House Wall Decoration

李江军 李戈 编著

辽宁人民出版社

图书在版编目（CIP）数据

全屋墙面装饰手册 / 李江军 , 李戈编著 . —沈阳：
辽宁人民出版社 , 2019.11
ISBN 978-7-205-09765-3

Ⅰ . ①全⋯ Ⅱ . ①李⋯ ②李⋯ Ⅲ . ①墙面装修 – 室
内装饰设计 – 手册 Ⅳ . ① TU238–62

中国版本图书馆 CIP 数据核字 (2019) 第 230223 号

出版发行：辽宁人民出版社
地址：沈阳市和平区十一纬路 25 号　邮编：110003
电话：024–23284321（邮　购）　024–23284324（发行部）
传真：024–23284191（发行部）　024–23284304（办公室）
http://www.lnpph.com.cn
印　　刷：恒美印务（广州）有限公司
幅面尺寸：210mm×265mm
印　　张：18
字　　数：230 千字
出版时间：2019 年 11 月第 1 版
印刷时间：2019 年 11 月第 1 次印刷
责任编辑：郭　健
装帧设计：徐开明
责任校对：王　斌
书　　号：ISBN 978-7-205-09765-3

定　　价：298.00 元

在室内空间中，墙面所占据的面积最大，因此其装饰是家居界面设计中最为核心的部分。规整对称的墙面设计，能呈现出规范的美感；而不规则的墙面设计则能让空间显得生动活泼，尤其当采用具有粗糙纹理的材料或将某种非规则的设计元素带入到空间中时，其表现更为强烈。此外，墙面还是陈设艺术及景观展现的背景和舞台，对于控制空间序列、创造空间形象具有十分重要的作用。

墙面装饰材料通常有乳胶漆、镜面、软包、石材、砖石、木饰面板等，每一种材料的表面都有着自身的特点，并且能呈现出不同的装饰效果。本书重点分析了 17 种墙面材料的选购常识和装饰技法，并邀请了具有十多年经验的室内设计师加入参编团队，以 CAD 施工图加文字说明的形式对其中 5 类材料运用进行了详细的解析。

室内墙面的色彩往往与家具色彩相辅相成，墙面一般作为底色，家具为前景色，软装元素等为点缀色。这样的色彩搭配能让空间更富有层次感。此外，在墙面运用图案装饰不仅能吸引视线，丰富空间质感，而且它比单纯的色彩更能装饰空间。本书分析了墙面与整体空间的色彩关系、不同色彩在墙面上的应用、时下流行风格的墙面装饰要点以及墙面图案的类型与搭配法则，多方位阐述了墙面色彩的搭配技法。

随着精装房时代的来临，墙面软装元素呈现出越来越重要的作用。除了基础的墙面材料外，壁饰、装饰镜、装饰画、照片墙、装饰挂毯、装饰挂盘、布艺窗帘等都是墙面装饰的重要组成部分。本书邀请众多软装名师，对墙面软装元素的色彩搭配原则和陈设布置手法做了深入浅出的剖析。不谈枯燥的理论，只谈具体应用，能够满足不同层次读者的需求，同时，图文并茂的形式，十分符合目前轻阅读的流行趋势。

目 录
Contents

全屋墙面
装饰基础

― Point

1 墙面装饰材料

　　墙面装饰是室内基础装修中占据面积最大的项目，不仅关系到整体美观与否，更关系到环保问题，因此在设计时一定要重点考虑。墙面装饰材料的种类繁多，主要有软包、墙绘、砖石类、护墙板、墙漆涂料、木饰面板、墙纸与墙布，以及镜面与玻璃等。不同的墙面材料会体现出不同的风格和效果。如软包质地柔软，无论在视觉还是触觉上都能给人以舒适感；木饰面板纹理精致、色彩温厚，但容易开裂和变形；镜面与玻璃透明度高、防酸碱、防火，但遇冲击易破碎；砖石类材料质地坚硬、耐用，但施工不便；墙纸与墙布拥有丰富的颜色和装饰图案，可满足不同的装饰风格。选材时既要考虑艺术效果，又必须满足隔声、保暖、防火、防潮等要求。

　　在全屋定制设计中，以软包、护墙板、墙纸与墙布等材料的应用最为广泛。特别是在已经完成固定施工的精装房中，这类墙面材料具有装饰性强、安装方便的特点，并且可以轻松改变整个房间的装饰效果。

软包		软包可分为皮质软包与布艺软包，此外，新中式风格的墙面还常使用刺绣软包。施工前要在墙面上用木工板或九厘板打好基础，等硬装结束以及贴好墙纸后再进行软包的安装
墙绘		墙绘顾名思义就是在墙上绘画，一般先根据装饰风格选择图案，然后在刷好乳胶漆的墙面上进行绘制，墙面的找平、刷底漆、图案规划等工作都要事先进行准备
砖石		砖石包括大理石、微晶石、文化石、文化砖、马赛克以及仿古砖等，除了质地坚硬、易于打理之外，砖石类材料表面独特的纹理，是打造个性墙面的装饰元素
护墙板		护墙板根据尺寸与造型的差异，可分为整墙板、墙裙以及中空墙板。用于制作护墙板的材质有很多种，其中以实木、密度板以及大理石最为常见。此外，还有采用新型材料制作而成的集成墙板
墙漆涂料		墙漆涂料包含乳胶漆、硅藻泥等，其中乳胶漆具有品种多样、适用面广以及装饰效果好等特点。此外，硅藻泥不仅能吸附空气中的有害气体，而且还能调节空气湿度，因此被称为会呼吸的环保型材料
木饰面板		常见的木饰面板分为人造木饰面板和天然木饰面板，为了防止变形，铺贴木饰面板前要先在基层上用木工板或者九厘板做平整，表面的处理尽量精细，不要有明显钉眼
墙纸与墙布		墙纸具有色彩多样、图案丰富、施工方便、价格适宜等特点，应用较为广泛。墙布一般是用棉布和底布制作而成的，通常会在底布上印上图形和花开图案，起到装饰效果
镜面与玻璃		镜面与玻璃都具有反光的特质，在面积较小的家居空间中，巧妙地在墙面上运用镜面材质，不仅能够增加室内采光，而且可以起到延伸视觉空间的作用

◆ 迦曼嘉设计

- Point
2
墙面软装元素

　　墙面软装元素的应用，能直观地体现出家居空间的品位以及整体的装饰效果。最常见的墙面软装除了装饰画外，还有装饰镜、装饰挂盘、照片墙、挂毯、铁艺、植物墙、工艺品挂件以及各类装置艺术等。此外，很多人会忽略窗帘对于墙面装饰的重要性，其实即使房间是四面白墙，也可以通过窗帘的色彩和图案搭配改变整个空间的氛围。组合型装饰画的搭配多种多样，有竖长形、横长形、正方形等，甚至装裱方法也有所不同，有两层或三层等，还有些是直接装框，设计师应熟练地运用这些复杂的装裱方式来对挂画进行搭配。在家居空间中，墙面工艺品挂件常以组合的形式出现，如用铁艺和陶瓷进行搭配，能让墙面装饰显得质感十足。

◆ 集艾设计

◆ 布鲁盟设计

挂毯		挂毯的原料和编织方法与地毯相同，颜色和图案很多，作为室内的墙面装饰元素，比装饰画更显温馨。在选择挂毯时，最好能与房间里面的某个细节相呼应，如色彩、形状以及质地等，可以达到意想不到的视觉效果
壁饰		壁饰由于材质的多样性、造型的灵活性及无限的创意性为室内空间增姿添彩，是墙面软装元素中极为重要的组成部分。因材质、造型、色彩、尺寸上的差异，不同风格的墙面适合装饰不同的壁饰
装饰镜		装饰镜是室内家居空间中不可或缺的软装元素之一，巧妙的镜面搭配不仅能让它发挥应有的功能，而且能在空间中制造视觉亮点，让室内装饰显得更加灵动。在定制挂镜时要注意与室内整体装饰相搭配
装饰画		选择装饰画的首要原则是要与空间的整体风格相一致，其次采光、背景等细节也是需要考虑的因素。通常古典类的家居风格，适合搭配画面较为精细的装饰画。而现代风格或者混搭个性风格的空间，则更适合选择抽象画
照片墙		照片墙是由多个大小不一，错落有序的相框悬挂在墙面上而组成的，是最近几年比较流行的一种墙面装饰手法。在打造照片墙之前，应根据不同的室内装饰风格选择相应的相框、照片以及合适的组合方式
植物墙		植物墙是以植物为主要艺术元素的立体园艺形式，可在室内营造出宛如室外的自然环境。设计时，需充分考虑植物墙的长期美观性。此外，由于仿真仿生景观植物不受阳光、空气、水分以及季节等自然条件的制约，因此可根据需要随心选用植物种类
装饰挂盘		百变面孔的装饰挂盘不仅可以让墙面活跃起来，还能表现出居住者的个性与品位。此外，挂盘可以装饰各种不同风格的墙面，并不局限于单一的风格之中。装饰墙面的挂盘一般不会单只出现，通常是多只挂盘作为一个整体出现
布艺窗帘		窗帘作为室内空间立面最为凸显的元素，其颜色搭配要考虑到房间的大小、形状以及方位，而且必须与整体的装饰风格形成统一。定制窗帘时，可考虑在空间中找到类似的颜色或纹样作为选择方向，让窗帘与整个空间形成良好的衔接

墙面定制家具

墙面定制家具不仅具有十分强大的收纳功能，而且在墙面装饰中有着举足轻重的作用。在定制时，应根据整体装饰风格进行选择，利用这类家具的色彩与造型增加墙面的美观性和层次感。此外，由于墙面定制家具是一个立体展示平台，其上方陈设的各类摆件饰品也是非常重要的墙面装饰元素。

常见的墙面定制家具有玄关柜、酒柜、书柜、电视柜、衣柜、卫浴柜以及各类墙面装饰柜等。这些柜子分布在室内的各个功能区，除了内部结构要满足该区域的储物需求外，在设计上也应遵循人体工程学的原则。既要避免因尺寸过大给空间带来压抑感，影响到室内的动线，同时还要因地制宜，最大程度地提升室内空间的收纳功能。

玄关柜		玄关柜的常见功能是鞋类收纳，除了可以将其设计成悬空的形式，让其在视觉上显得比较轻巧，也可以选择收纳功能强大的组合玄关柜，不仅柜子内部可以储放物品，连台面也能用于放置钥匙等小物品
酒柜		酒柜的设计应与家居的整体装饰风格相协调，而且酒柜内部的间隔、格局不能限制得过于死板，应充分考虑可能会出现在这里的物品。灵活开放的内部空间设计，可以让不同大小的物品都容纳进去
书柜		书柜的形式主要有单体式、组合式和壁柜式三种。家用书柜的款式十分丰富，可根据整体家居以及书房的装饰风格进行选择。此外，书柜的搭配还应结合个人喜好、房间大小、空间布局等元素进行综合考虑
电视柜		定制电视柜通常可设计成半开放式的结构，封闭的柜体或抽屉可以用来收纳小物品，开放区域则可以用来展示，实用的同时极富装饰性。而且由于电视柜往往覆盖了大部分墙面，因此空间的整合度丝毫不会受到影响
衣柜		衣柜是收纳存放衣物的柜具，其整体由柜体、隔板、门板、静音轮、门帘等组件构成。常见的款式有推拉门衣柜、平开门衣柜与开放式衣柜等。除去衣柜背板和衣柜门，衣柜的深度一般应在 530~580mm 之间
卫浴柜		卫浴柜由台面、柜体以及排水系统三大部分组成，大理石台面加陶瓷盆的组合是常见的台面设计。大部分卫浴柜的标准尺寸是长 800~1000mm，宽 450~500mm。除了常用的标准尺寸外，还有长度为 1200mm 左右的卫浴柜
装饰柜		装饰柜泛指依墙量身定制的各类置物柜，通常出现在客厅、餐厅、卧室或书房的背景墙上。装饰柜既有全开放的设计形式，也有上部开放下部封闭的类型

第二节

全屋

墙面

装饰

形式

Whole

House

Wall

Space

Decorate

全屋定制墙面装饰的造型多种多样，墙面装饰造型不光是指墙面材料施工完成后的造型，还应考虑后期加入墙面软装元素和柜类家具之后的整体呈现效果。墙面装饰通常可以分为异形造型、规则排列型、单一材质型、上下组合型、对称排列型以及视觉中心型等。

Point

1

异形造型

异形墙面装饰一般可分为三种形式，一种是利用石膏板、软包等材料在墙面上设计出凹凸的异形造型，具有强烈的时尚气息；一种是在一些现代风格空间的墙面上安装异形的柜类家具，如书柜或各种置物柜等；还有一种是把多个墙面软装元素组合成各种不规则图形，如装饰镜、照片墙以及各种装置艺术等。

○ 异形墙面装饰柜

○ 利用软装饰品布置形成的异形元素

○ 利用材料装饰形成的异形造型

规则排列型

　　规则排列型是指墙面软装元素以规则排列的形式呈现，其中较为常见的是装饰画和照片墙，这类墙面装饰给人以齐整有序的视觉效果。在设计时，应将相邻两幅画之间的间隔控制在 5~8cm 之内，如果间隔太远会让人觉得零散杂乱。

◆ 张丽华设计

○ 规则排列的墙面装饰画具有韵律美　　　　　　　　　　　　　　○ 规则排列中又呈现色彩、造型等细节的差异

3
单一材质型

　　单一材质型是指整个墙面装饰采用同一种材料制作，如墙纸、墙砖等。还可以通过材料本身的色彩与纹理制造层次感，如果整面墙的材料是同一种色彩，可将其作为背景衬托出墙面软装元素和柜类家具的视觉效果。单一材质的墙面装饰通常应用在简约风格的小户型中。

◆ DE 设计

○ 乳胶漆墙面是最为常见的单一材质装饰形式

○ 单一材质型的墙面可通过材质的纹理表现层次感

4
上下组合型

上下组合型是指将墙面分成上下两部分进行装饰，给人别具一格的视觉效果。除了 AB 版的墙纸之外，很多卫浴间的干区墙面会采用下半部分铺贴墙砖，上半部分铺贴墙纸或刷墙漆的形式。此外，有些安装墙裙的墙面，实际上也是上下型的墙面装饰形式。

○ 利用墙裙实现墙面的上下分割

○ 墙砖与墙纸的上下组合形式

对称排列型

对称排列的墙面装饰，通常应用在需要表现庄重氛围的室内空间，其中以中式风格和欧式风格的墙面居多。除了利用装饰材料设计的对称造型外，后期的墙面软装元素和柜类家具也会相应地遵循对称布置的原则。

○ 左右对称的墙面装饰造型

○ 对称陈设的客厅书柜

视觉中心型

视觉中心型的墙面装饰分为两种形式，一种是指在欧美风格的客厅墙面居中安装壁炉，并在壁炉上方的墙面悬挂装饰画或装饰镜，让其成为整面墙的视觉中心；第二种是指在室内墙面上装饰一个或一组造型或色彩较为突出的挂件，以起到营造视觉焦点的作用。

○ 以色彩夺目的大型挂件作为墙面视觉中心

○ 以壁炉为墙面的视觉中心

第二章

全屋墙面
色彩与图案搭配

- Point
1
墙面配色的灵感来源

在装饰家居空间前，不要急于敲定墙面颜色，应先想清楚家中的整体风格，并从收集的图片灵感中缩小范围，最后再集中到一种装饰风格上。例如北欧风格的墙面以灰、白、米色等中性色彩为主。如果事先已经确定要买哪些家具，则可以根据家具的风格、颜色等选择合适的墙面色彩，避免后期做搭配时出现风格不协调的问题。还可以从家居空间中提取出自己喜欢的颜色作为墙面配色。除了地毯、窗帘等布艺织物之外，装饰画、花瓶以及其他摆件配饰也是墙面色彩搭配的灵感来源之一。这样的色彩搭配方式，能让墙面与空间中的其他元素相呼应，避免孤立单调。此外，自然风景中也蕴含着丰富的色彩搭配哲学。因此，可以从优秀的自然风景照片中，选择自己喜欢的配色方案。

有时候甚至可以根据居住者喜欢的景致选择墙面颜色。但需要注意的是，有时候居住者最喜欢的颜色不一定适用于墙面设计。如红色、粉色等，不宜大面积涂制。

○ 把海面风景的色彩应用于客厅墙面，给空间带来如沐海风般的清新氛围

◆ 上色国际设计

○ 室内的墙面颜色，可从空间中的窗帘、抱枕、装饰画及其他软装元素中提取

全屋墙面的配色重点

在室内设计中，上色是变化最明显、最有弹性的方法之一。合理地搭配墙面颜色能让房间的氛围和视觉大小发生改变。挑选墙面色彩并没有想象中那么难，而且也不需要太多的色彩学知识。

虽然从理论上来说，有几面墙便可以刷几种颜色，但为了保持空间的整体感，还是控制在一到两种颜色为佳。很多人认为色彩丰富的空间更有美感，但丰富的色彩并非要全部来自墙面，当地面、家具、地毯、花卉、饰品等组合到一起的时候，色彩自然也会丰富起来。如果墙面的色彩过多，容易让空间显得混乱。家居中的所有墙面都可以作为室内的陈设背景，除非特意制造动感的效果，否则其色彩应处理得简洁一些，让室内陈设有一个清晰的背景。如果墙面除了涂刷乳胶漆之外，还有部分是铺贴墙纸，那么墙纸图案的底色最好能与墙漆相近，这样才能保持两者之间的共通感，避免墙面之间彼此割裂。

一般来说，大面积的墙面颜色比小面积的色卡看起来要深，因此墙面刚刷完后，颜色会显得深一些，等乳胶漆干透后，颜色则会变浅。此外，如果家里已经有别的软装饰品和家具，对比之下，墙面颜色与色卡看起来也会略有不同。

如有条件，测试时可以先刷 0.5m² 的墙面，并涂上两层，能挨着窗户更好。然后在周围放上一些摆件、小家具等，在人造光、自然光等不同条件下进行观察，以确定这种颜色是否能带来真正需要的装饰效果。

◆ 中马设计

○ 即使是同一种颜色，只要在纯度或明暗方面稍作变化，同样可以呈现出丰富的视觉效果

○ 在设计现代风格的墙面配色方案时，应把墙面背景考虑为室内陈设的背景色

总而言之，墙面的配色重点应是先确定家居风格，再挑选墙面颜色。根据不同系列的光线、功能以及要求，再参考一些家具搭配方案，缩小选色范围。此外，在敲定墙面颜色之前，一定要多做测试。

○ 多种色彩搭配运用，需要协调好相互之间的
比例关系，注重整个立面的协调感

多色搭配的墙面设计

　　墙上并不是只能涂一种颜色，运用渐变色、多色混搭，能给家居带来全新的感觉。多色搭配时，最好选择基调相近的色彩，这样能保持风格的一致性，同时也更富有层次感。搭配色不宜过多，否则很容易显得杂乱且没有主题。双色或多色搭配时，要注重色调的协调感，可以是相近色，也可以是互补色，并且颜色最好不要超过三种。

　　如果每个房间都刷不同的颜色，那就要找到连接房间的中间区域，比如将过道涂成比较中性的色调。除灰白黑外，米黄色、棕色、象牙色等也是比较好搭配的颜色。此外，还可以把两个房间的色彩进行结合，并对其加深或者减轻，涂成撞色的几何图案。

○ 墙面出现相近色或对比色的多色组合，但都与室内家具的色彩形成呼应关系

◆ INHOUSE 设计

○ 墙面运用多色搭配时，最稳妥的方法是选择基调相近的颜色

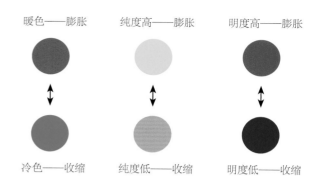

暖色——膨胀　　纯度高——膨胀　　明度高——膨胀

↕　　　　　　　↕　　　　　　　↕

冷色——收缩　　纯度低——收缩　　明度低——收缩

– Point

4

墙面色彩与空间视觉感

　　同一背景、面积相同的墙面，由于色彩的不同，有的给人突出向前的感觉，有的则给人后退深远的感觉。通常活跃的墙面色彩有前进感，如暖色系色彩和高明度色彩就比冷色系和低明度色彩活跃。而冷色、低明度的墙面色彩则能产生后退感。在室内装饰中，利用色彩的进退感可以从视觉上改善房间户型缺陷。如果空间空旷，可采用前进色处理墙面；如果空间狭窄，则可采用后褪色处理墙面。例如把过道尽头的墙面刷成红色或黄色，就会在视觉上产生前进的效果，令过道看起来没有那么狭长。

　　墙面大小不仅与配色的色相有关，其明度也是一个重要的因素。暖色系中明度高的颜色为膨胀色，可以使墙面看起来比实际大；而冷色系中明度较低的颜色为收缩色，可以使墙面看起来比实际小。在室内装饰中，只要利用好色彩的缩扩感，就可以使房间显得宽敞明亮。比如在小户型中，用明度较高的冷色系色彩作为小空间墙面的主色，可以扩充空间水平方向的视觉延伸，为小户型家居营造出宽敞大气的感觉。

○ 明度较高的冷色系色彩具有膨胀感，具有扩大视觉空间的作用

○ 暖色系色彩和高明度色彩具有前进感

○ 冷色系和低明度的墙面色彩具有后退感

墙面装饰材料一般可分为自然材料和人工材料。自然材料的色彩细致、丰富，并且具有朴素淡雅的格调，通常适用于想要表现自然格调的空间装饰。人工材料的色彩虽然较单薄，但可选色彩范围较广，无论素雅还是鲜艳，均可得到满足，因此适用于大多数软装风格。

材料的表面有很多种处理方式。以石材为例，抛光花岗岩表面光滑，色彩纹理表现清晰；而烧毛的花岗岩由于色彩明度的变化，纯度降低，因此表面显得混沌不清。物体表面的光滑度或粗糙度可以有许多不同级别，一般来说，变化越大，对色彩的改变也越大。

材质本身的花纹及触觉被称为肌理。肌理紧密、细腻会使色彩显得较为鲜明；反之，肌理粗犷、疏松则会使色彩显得暗淡。有时对肌理的不同处理也会影响色彩的表达，如同样是木饰面板上的清漆工艺，光亮漆的色彩就要比亚光漆来得鲜艳、清晰。

– Point

5

墙面材料对配色的影响

○ 人工材料

○ 自然材料

墙面与家具的色彩关系

在选择墙面颜色的时候，需结合家具进行考虑，而家具的色彩也要和墙面相互映衬。比如墙面的颜色比较浅，那么家具一定要有相同的浅色在其中，这样的搭配才更加自然。对于灰色墙面家居空间来说，可尝试搭配深色的家具，让色彩衔接更加流畅。如果事先已经确定要买哪些家具，应根据家具的风格、颜色等因素选择墙面色彩，避免后期搭配时出现风格不协调的问题。

如果室内空间的硬装色彩已经确定，那么家具的颜色应以墙面的颜色进行搭配。例如使房间中大件的家具颜色靠近墙面或者地面，这样就保证了整体空间的协调感。小件的家具可以采用与背景色对比的色彩，在视觉上制造出一些变化。既增加整个空间的活力，又不会破坏色彩的整体感。还有一种更加趋向于和谐的方法，就是将家具分成两组，一组色彩与地面靠近，另一组色彩与墙面靠近，这样搭配色彩灵动且协调。

○ 墙面与家具应用同类色搭配法则，保证整体空间的协调感

○ 小件家具与墙面的色彩形成对比，可增加整体空间的活力

靠墙放置的家具，如果与背景墙的颜色太过接近，会造成家具与墙面融为一体的感觉。如果家中的墙面装饰是木质的话，须特别注意不要让墙面跟家具的颜色与材质太过接近。

白色墙面装饰应用

　　白色在室内空间中常呈现出百搭的姿态，其中最为常见的就是在墙面运用白色。白色墙面不仅可以营造出轻松浪漫的氛围，同时也满足了人们对于纯净空间的向往，而且还能让空间变得更加宽敞明亮。白色的墙面赋予空间纯净的气质，但为了避免单调，可搭配不同元素的家具与装饰画，打造出独具特色的居住氛围。

　　黑色和白色是现代风格空间中最为常见的对比色。优雅黑色和浪漫白色所形成的强烈对比，可在空间里营造出时尚前卫的艺术感。纯白色墙面能够最大程度地反弹光线，为家居空间带来更大的亮度；而黑色则是最为常用的辅助色，常见于软装的色彩搭配上。在黑白分明的空间里，可以适当地搭配灰色来作为缓冲调和，让空间不会显得过于单薄。此外，因为黑色和白色之间的色彩对比十分强烈，所以必须协调好使用比例。

　　白色纯洁、柔和而又高雅，在法式风格家居中常被作为背景色使用。由于纯白太纯粹而显得冷峻，所以法式风格中的白色通常只是接近白的颜色，既有白色的纯净，也

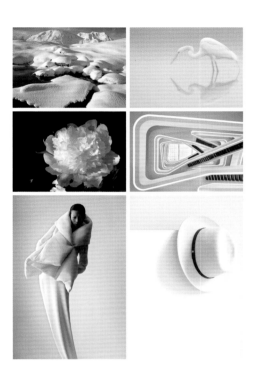

有容易亲近的柔和感，如象牙白、乳白等，既带有岁月的沧桑感，还能让人感受到温暖与厚度。需要注意的是，大面积的白色容易让空间显得清冷单调，因此可以挑选深紫和暗红色的器皿摆件，以白色的清新内敛配合紫色与红色的热情，彰显出家居空间的独特气质。

　　绿植是家居中不可或缺的点缀饰品之一，在白色墙面的空间中搭配绿色植物作为点缀，能让整体显得清新自然。此外，绿植的搭配，能够让白色墙面和空间里的深色元素，形成和谐的色彩过渡，不仅加强了空间的整体感，而且让整体色彩搭配显得更为流畅。如果说蓝白让人仿佛置身在天空和海洋中，那么绿色和白色的搭配则会给人营造出森林深处的静谧与祥和。

◎ 白色墙面为背景的配色方案

1	C 0 M 0 Y 0 K 0	C 0 M 0 Y 0 K 100	C 40 M 72 Y 85 K 3
2	C 0 M 0 Y 0 K 0	C 45 M 42 Y 36 K 0	C 5 M 88 Y 68 K 0
3	C 0 M 0 Y 0 K 0	C 20 M 17 Y 13 K 0	C 86 M 81 Y 55 K 25
4	C 0 M 0 Y 0 K 0	C 50 M 40 Y 31 K 0	C 78 M 58 Y 65 K 31
5	C 0 M 0 Y 0 K 0	C 33 M 26 Y 22 K 0	C 67 M 55 Y 25 K 0
6	C 0 M 0 Y 0 K 0	C 38 M 29 Y 32 K 0	C 16 M 23 Y 27 K 0

○ 白色墙面与黑色电视柜之间形成强烈的视觉对比

○ 黑白灰的配色方案展现低调的简约美

○ 白色墙面同样可以作为表现轻奢气质的背景

◆ 潘自立设计

○ 大面积的留白让空间展现出淡淡的禅意

红色墙面装饰应用

红色是喜庆活泼的颜色，在中国传统文化中有着极其丰富的象征意义。很多人喜欢将红色作为墙面的主体色，但是大面积的红色容易让空间显得紧绷压抑，因此可搭配一些其他颜色与红色墙面形成互动。比如红色墙面搭配黑色地面就是极为经典的设计。红色与黑色在空间里的交互，如同感性与理性、热情与冷静的完美融合，而且还可以给家居环境制造出高贵大气的视觉感受。

红色墙面与白色窗帘是非常合适的搭配组合。白色窗帘的扩充效果，在视觉上增大了空间面积，而沉稳的红色墙面则可以稳住整个空间的气场。此外，有了优雅白色窗帘的点缀，让红色墙面在视觉上不会有太过鲜明的冲击感，而且还能为空间增添几分温柔与浪漫。

1	C 30 M 90 Y 75 K 0	C 0 M 0 Y 0 K 0	C 0 M 20 Y 60 K 20
2	C 35 M 77 Y 67 K 0	C 0 M 0 Y 0 K 100	C 0 M 0 Y 0 K 0
3	C 31 M 96 Y 87 K 0	C 48 M 84 Y 95 K 19	C 38 M 47 Y 51 K 0
4	C 46 M 85 Y 87 K 15	C 69 M 66 Y 65 K 17	C 43 M 51 Y 71 K 9
5	C 42 M 93 Y 100 K 11	C 0 M 0 Y 0 K 100	C 0 M 0 Y 0 K 0
6	C 48 M 97 Y 83 K 23	C 0 M 20 Y 60 K 20	C 0 M 0 Y 0 K 0

红色与金色搭配运用，显得品质感十足，而且还可以让空间呈现出奢华典雅的贵族风情。但要注意的是，红色与金色在视觉上都十分跳跃，如果搭配得不好，容易给人艳俗以及华而不实的感觉。

如果选择红色作为家居空间的墙面色彩，尤其是纯度和明度较高的红色，容易让人眼睛负担过重，并且可能产生头晕目眩的感觉。因此，建议在家具、灯饰、窗帘以及床品等软装配饰上，搭配一些其他辅助色彩与红色墙面相互衬托。

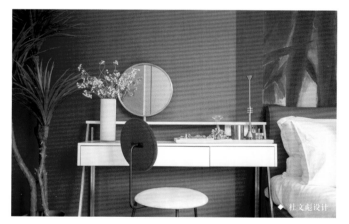

○ 红色墙面与金色软装元素的搭配可以很好地表现出轻奢的品质感

○ 寓意吉祥喜庆的红色是中式风格墙面常用的色彩之一

○ 红黑色的搭配给人以热情与冷静完美相融合的视觉感受

灰色墙面装饰应用

灰色以其沉稳、包容、内敛的特性,成为室内墙面最为常用的配色之一。此外,灰色的墙面还能为软装饰品提供一个最佳的背景。无论是色彩缤纷的绘画、摄影作品,还是质感强烈的装饰挂件或者雕塑,将其陈设在灰色的背景墙前,都能产生极为强烈的视觉效果。无论是深灰、海牛灰还是冷灰色,都是艺术背景墙的极佳色彩搭配。

工业风格常给人以冷峻、硬朗以及充满个性的印象,其灰色的墙面更是突显出了工业风格的魅力。相比白色的鲜明、黑色的硬朗,灰色则显得更有内涵。如果白色是中和工业风格的柔软调和剂,那么灰色则为工业风格的家居空间增添了一抹理性的美感。

传统中式家具的造型稳重端庄,如果以灰色墙面作为背景,会让空间的整体氛围显得轻松很多。古典家具让灰色的墙面显得更有内涵,而灰色墙面则冲淡了古典家具的严肃感。而且还让圈椅、罗汉榻、几案等富有中式特色的传统家具,在现代家居空间中展现出独具魅力的风采。此外,在中式风格中,灰色不仅可以运用在墙面或地面上,也可融入挂画或屏风中,例如搭配灰色系的泼墨山水画,无疑是一种文雅至臻的手法。

◎ **灰色墙面为背景的配色方案**

1 C 65 M 49 Y 35 K 0	C 0 M 20 Y 60 K 20	C 0 M 0 Y 0 K 0
2 C 52 M 42 Y 40 K 0	C 60 M 80 Y 70 K 0	C 0 M 0 Y 0 K 0
3 C 56 M 49 Y 49 K 0	C 18 M 18 Y 95 K 0	C 10 M 11 Y 16 K 0
4 C 65 M 62 Y 58 K 7	C 0 M 0 Y 0 K 100	C 0 M 0 Y 0 K 0
5 C 55 M 45 Y 35 K 0	C 0 M 0 Y 0 K 0	C 67 M 30 Y 25 K 0
6 C 60 M 55 Y 55 K 2	C 20 M 15 Y 18 K 0	C 33 M 42 Y 35 K 0

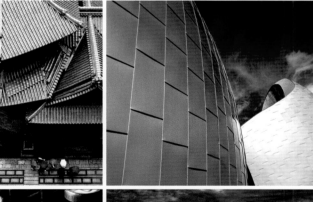

灰色的墙面在现代简约风格的空间中，可调和出沉稳大气的时尚气质。简单的色彩不仅不会显得单调，反而有一种鲜明且富有个性的感觉。高级灰是轻奢风格家居墙面的经典用色，在搭配时，应注意使用比例的合理以及协调，否则过多的灰色会使家失去应有的温馨。在以灰色为主色调的空间中，由于配色比较简单，在家具的选择上也要尽量使用造型简洁、功能实用的款式。如果觉得灰色的墙面会让空间环境显得过于冷清，可以考虑在空间里点缀一些如白、红、黄等相对跳跃的颜色，不仅能起到提亮空间的作用，还可以给人带来一种轻松的感觉。这些亮色的点缀可以通过小家具、花艺、装饰画、饰品、绿色植物等软装元素来完成。但一定要注意搭配比例，亮色不宜过多或过于张扬。

◆ 零次方设计

○ 新中式风格的空间中也常见灰色墙面的运用

○ 灰色的墙面作为背景，更好地衬托出软装布艺的主体

○ 大面积灰色墙面搭配同色系布艺，呈现出现代简约气质

○ 灰色墙面与紫色绒布家具构成轻奢风格空间的主角

○ 灰色墙面为工业风格空间增添理性的美感

黄色墙面装饰应用

黄色是最为典型的暖色，在室内装饰中，黄色的墙面不仅显得活泼，还可以给空间营造温暖的感觉。此外，黄色在夏天看着清新，冬天看着温暖，因此一年四季都不会过时。但需要注意的是，如果在墙面大面积使用黄色，会让整体空间显得刺眼轻浮，因此可以选择降低亮度、减少使用面积等方法，让家居空间的色彩搭配显得更为合理并富有装饰效果。

现代风格的家居设计，往往会尽力表现出各种富于个性化的空间格调。在墙面的色彩搭配上亦是如此，喜欢用一些如黄色、红色、绿色等明快、彩度以及明度高的色彩装饰墙面。同时在构图上往往会打破横平竖直的线条，采用波形曲线、曲面和直线、平面的组合，来取得意想不到的设计效果。中式风格的墙面，可考虑铺贴以黄色作为底色的中式花鸟图案墙纸。美好的寓意、自然的文化气息，犹如诗情画意般瞬间点亮整个空间。

在室内装饰中，餐厅空间的墙面一般适合采用暖色调的颜色，如橙色、

◎ **黄色墙面为背景的配色方案**

1　C 20　M 28　Y 43　K 0	C 39　M 51　Y 72　K 0	C 0　M 0　Y 0　K 100
2　C 18　M 15　Y 82　K 0	C 60　M 71　Y 85　K 25	C 55　M 33　Y 19　K 0
3　C 8　M 17　Y 70　K 0	C 45　M 78　Y 97　K 11	C 57　M 16　Y 100　K 0
4　C 15　M 23　Y 45　K 0	C 67　M 57　Y 73　K 11	C 0　M 20　Y 60　K 20
5　C 18　M 18　Y 35　K 0	C 0　M 0　Y 0　K 0	C 27　M 27　Y 52　K 0
6　C 11　M 16　Y 79　K 0	C 78　M 62　Y 40　K 1	C 0　M 0　Y 0　K 0

黄色、红色等。黄色象征秋收的五谷，适当地搭配运用，在迎合人的味觉生理特性的同时，还可为餐厅空间营造出温馨的用餐氛围。此外，由于黄色是一种轻快、明亮的色彩，寓意着积极向上的生活态度以及青春的蓬勃朝气，因此，常会将其运用在儿童房墙面的色彩搭配上。活泼绚丽的黄色，不但可以刺激到儿童的视觉神经，有助于孩子集中注意力，提高记忆力，而且还能促进他们的大脑发育，培养孩子思考和想象的能力。但需要注意的是，在墙面上过多地运用黄色容易让孩子的情绪变得激动，因此最好不要全屋使用黄色，可以适当搭配白色或者米色以减轻黄色的视觉冲击。

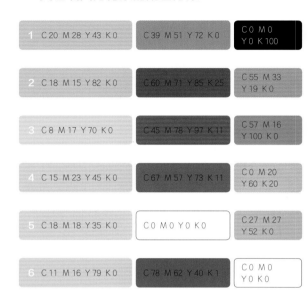

○ 在餐厅空间墙面运用黄色具有促进食欲的作用

○ 黄色的墙面给人一种欢快感与愉悦感

○ 黄色的墙面寓意朝气蓬勃，呼应儿童房的设计主题

米色墙面装饰应用

米色属于中性色，在墙面上大面积使用米色，可以让空间显得恬静温馨。但大面积的米色墙面会使空间略显沉闷，因此可以在空间中搭配白色系的家具、窗帘或者软装饰品，以起到缓解沉闷感的作用。此外，将不同明度、纯度、色相的米色进行组合使用，可以完美地丰富空间的层次感，并且能增加家居配色的细腻程度。

如果将米色作为空间的主体色使用，可以适当地加入其他色系，让空间显得温暖时尚。如白色、黑色、金色、深木色等，都是很好的选择。通过其他色彩与米色进行对比调和，能让空间的色彩搭配更富有节奏感。此外，如果加入适当的冷灰色作为点缀，还可以让空间显得更有质感。

日式风格的家居色彩搭配多以原木、竹、藤、麻以及

◎ **米色墙面为背景的配色方案**

1	C 16 M 13 Y 17 K 0	C 51 M 67 Y 85 K 12	C 7 M 2 Y 61 K 0
2	C 17 M 15 Y 16 K 0	C 50 M 45 Y 47 K 0	C 0 M 0 Y 0 K 100
3	C 30 M 26 Y 25 K 0	C 52 M 31 Y 22 K 0	C 0 M 0 Y 0 K 0
4	C 15 M 15 Y 15 K 0	C 38 M 37 Y 35 K 0	C 31 M 42 Y 55 K 0
5	C 19 M 15 Y 15 K 0	C 28 M 22 Y 22 K 0	C 61 M 63 Y 65 K 10
6	C 18 M 10 Y 15 K 0	C 46 M 42 Y 35 K 0	C 35 M 16 Y 16 K 0

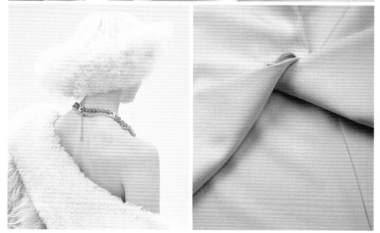

其他天然材料的颜色为主，具有朴素自然的空间特点。墙面颜色多刷成米色，与原木色的家具形成十分和谐统一的视觉感受。在软装上也常使用米色系的布艺或麻质装饰物，自然色彩的介入，带给人以安详镇定的心理感受，并达到更好的静思和反省的效果，这与日本的禅宗文化相辅相成。

米色属于暖色系色彩，相比其他暗沉色系的颜色来说，米色更有利于舒缓人的疲劳，使工作了一整天的神经得到放松，并有助于人快速进入睡眠，因此米色十分适合运用在卧室空间的墙面上。此外，米色比白色带给人眼的刺激性更小，有利于孩子的视力发育，因此有小孩的家庭在装修儿童房的墙面时，可选择使用米黄色、米白色等暖色系的色彩。

○ 原木色墙面营造的日式家居氛围总能让人静静地思考，禅意无穷

○ 米色十分适合运用在卧室空间的墙面上

○ 墙面运用大面积的米色给人恬静温馨的视觉感受

6
棕色墙面装饰应用

棕色不仅是自然界常见的颜色，在现代文化中，还象征着有机、健康和品质，是一种具有许多积极能量的色彩。棕色也是最容易搭配的颜色，它可以吸收任何颜色的光线，是一种安逸祥和的颜色，可以放心运用在室内空间的墙面上。

棕色是中式风格空间中常用的装饰色彩。将其用于墙面上，不仅能为空间制造出古朴自然的视觉感受，而且由于和土地颜色相近，还蕴藏着安定、朴实、沉静、平和、亲切等内涵气质，呈现出十足的亲切感。

美式风格空间在色彩上追求自然随意、怀旧简洁的感受，因此其墙面

◎ 棕色墙面为背景的配色方案

1	C 40 M 55 Y 75 K 0	C 83 M 76 Y 51 K 15	C 33 M 35 Y 41 K 0
2	C 42 M 56 Y 60 K 0	C 0 M 0 Y 0 K 0	C 41 M 78 Y 65 K 0
3	C 42 M 65 Y 95 K 5	C 30 M 29 Y 30 K 0	C 58 M 77 Y 75 K 25
4	C 52 M 76 Y 98 K 22	C 25 M 39 Y 52 K 0	C 2 M 60 Y 52 K 0
5	C 45 M 73 Y 91 K 7	C 0 M 0 Y 0 K 0	C 57 M 65 Y 76 K 13
6	C 45 M 57 Y 55 K 0	C 0 M 0 Y 0 K 0	C 50 M 56 Y 59 K 0

色彩搭配一般会比较厚重。饱含自然风情的棕色是美式风格墙面运用最多的色彩之一，朴实天然的色彩，不仅能给人亲切舒适的感觉，还可以为空间环境营造出朴实而又高雅的氛围。

◆ 深圳大集设计

○ 棕色墙面更能表现出新中式风格空间沉稳大方的气质

○ 饱含自然风情的棕色是美式乡村风格墙面的常用色彩之一

◆ 奥讯设计

○ 港式轻奢风格空间中常以棕色木饰面板与镜面装饰墙面

蓝色墙面装饰应用

在室内空间的墙面上运用蓝色可以营造出神秘感和冷静的联想，并且能营造出清爽宜人的氛围。在面积较小的房间墙面使用纯度比较低的浅蓝色，能起到扩大空间的神奇作用。需要注意的是，切忌在住宅空间的墙面上大面积使用明度和纯度很高的蓝色，以免打破居住环境的温馨感。

蓝色和白色是地中海风格中比较典型的墙面色彩搭配。圣托里尼岛上的白色村庄与沙滩、碧海、蓝天连成一片，就连门框、楼梯扶手、窗户、椅子的面、椅腿都会做蓝与白的配色。加上混着贝壳、细砂的墙面，鹅卵石地面以及金属器皿，将蓝色与白色的组合美感发挥到了极致。

◎ **蓝色墙面为背景的配色方案**

1	C 80 M 49 Y 13 K 0	C 0 M 0 Y 0 K 0	C 9 M 23 Y 62 K 0
2	C 79 M 61 Y 29 K 0	C 25 M 15 Y 13 K 0	C 30 M 16 Y 28 K 0
3	C 83 M 62 Y 40 K 2	C 73 M 65 Y 58 K 13	C 0 M 20 Y 60 K 20
4	C 55 M 29 Y 25 K 0	C 42 M 7 Y 17 K 0	C 0 M 0 Y 0 K 0
5	C 80 M 60 Y 15 K 1	C 25 M 23 Y 25 K 0	C 10 M 67 Y 78 K 0
6	C 98 M 89 Y 55 K 29	C 35 M 49 Y 55 K 0	C 81 M 47 Y 2 K 0

蓝色可清新，可简约，也可沉稳，而且具有一定的镇静效果。因此，在卧室中使用蓝色，能让整个空间显得祥和平静，其中略带灰色的蓝特别适合运用在单身男性的卧室。灰蓝色的墙面搭配简约的空间线条，让卧室空间显得简约并富有品质感。

蓝色在儿童房中的使用十分普遍，蓝色系的墙面设计一般运用在男孩房中较多。在设计时，不宜使用太纯、太浓的蓝色，可以选择浅湖蓝色、粉蓝色、水蓝色等与白色进行搭配，给男孩房营造出含蓄内敛的氛围。

○ 灰蓝色墙面适用于单身男性的卧室，表现出理性沉稳的气质

○ 大面积使用蓝色会显得过于冷清，可搭配暖色系软装元素调和空间氛围

○ 粉蓝色常用于男孩房的墙面，并且适合与白色一起搭配使用

绿色墙面装饰应用

　　绿色与原木色都是来自大自然的颜色，因此是非常契合的搭配。绿色的墙面与原木色的家具，在由钢筋水泥等工业材料组成的现代化家居中，显得清新脱俗、别具一格，而且与现代忙碌的都市人所追求的悠然自得、闲适的心态相得益彰。

　　美式乡村风格强调回归自然，让家居环境变得更加轻松、舒适。因此在墙面的色彩搭配上以自然色调为主，其中以绿色、土褐色最为常见。自然、怀旧，并散发着浓郁泥土芬芳的颜色，是其空间配色的典型特征。

　　当绿色墙面和暖色系的软装形成搭配时，能够为室内空间营造出一种青春、活泼的氛围。需要注意的是，墙面不宜大面积使用高明度的绿色，以免在视觉上形成压迫感。此外，由于绿色墙面本身的装饰效果就已很强烈，因此无须在墙上搭配太多的软装饰品，一般只需悬挂风格简约的装饰画或挂件即可。

　　在办公区域使用绿色可以使人集中精力，提高工作效率。除了绿植的搭配外，还可以把办公区域墙面刷成浅绿色，但要控制好使用面积。绿色对保护视力有着积极的作用，根据这一原理，可考虑在儿童房的墙面、窗帘、床罩等处使用纯度较高的绿色。既体现了儿童活泼好动的心理特征，又能起到保护视力的作用。

◎ **绿色墙面为背景的配色方案**

1	C 62 M 43 Y 99 K 2	C 0 M 0 Y 0 K 0	C 0 M 0 Y 0 K 100
2	C 85 M 55 Y 100 K 25	C 56 M 35 Y 22 K 0	C 91 M 73 Y 12 K 0
3	C 81 M 21 Y 67 K 0	C 0 M 0 Y 0 K 0	C 35 M 60 Y 80 K 0
4	C 68 M 29 Y 65 K 0	C 16 M 13 Y 16 K 0	C 39 M 71 Y 20 K 0
5	C 45 M 27 Y 56 K 0	C 79 M 40 Y 22 K 0	C 52 M 80 Y 100 K 28
6	C 65 M 36 Y 51 K 0	C 19 M 18 Y 18 K 0	C 20 M 35 Y 62 K 0

○ 绿色与白色的巧妙结合打造出一个轻奢格调的现代法式空间

○ 绿色墙面与暖色系软装的搭配可营造出充满活泼感的氛围

○ 美式风格空间常用绿色等散发着自然气息的颜色装饰墙面

○ 儿童房墙面大面积运用绿色具有保护视力的作用

○ 绿色墙面与原木色家具是绝佳搭配，两组颜色都来源于大自然

○ 与金属色家具相搭配的绿色墙面需要降低纯度与明度

中式风格墙面配色

☐ C 0 M 0 Y 0 K 0

纯白色硬包装饰的沙发背景墙，搭配棉麻质感的白色布艺沙发，在中式风格的空间中，有着单纯、随性的表达。

■ C 20 M 25 Y 31 K 0
■ C 29 M 31 Y 26 K 0

百搭的浅米色墙纸搭配清新自然的浅枫木木饰面板，既与白色沙发背景墙形成色彩变化，同时又不破坏整体氛围。

■ C 0 M 20 Y 60 K 20
■ C 79 M 58 Y 46 K 3

金色、纯铜材质的引入，为中式风格的客厅营造出轻奢时尚的氛围。金色、孔雀蓝色的靠包与窗帘为整个客厅增色添彩，既打破素色空间的单调感，又不会过于眼花缭乱。

■ C 0 M 0 Y 0 K 100
■ C 0 M 20 Y 60 K 20

黑色可以庄重，也可以优雅，甚至比金色还能演绎出极致的奢华。大幅的水墨群山装饰画，以黑色为背景，确立了庄重的空间主题。

■ C 50 M 38 Y 33 K 0

浅灰色的墙面色彩具有百搭性，在不打破空间整体格调的基础上，还能呈现出平静内敛的室内氛围。

■ C 59 M 67 Y 48 K 0

低调的深酒红色床品，为单调素雅的空间增添色彩，深酒红色与黑色的结合，是中式风格中最优雅的选择。

◆ INHOUSE 设计

C 47 M 50 Y 57 K 0

C 66 M 62 Y 60 K 9

利用大面积的浅咖色及中灰色的墙布，创造出柔和素雅的氛围。本案在满足中式素雅的基础上，通过大幅墙面挂画及铺装变化，打破单调视觉效果，创造出空间主题性。

C 0 M 0 Y 0 K 0

留白的顶部墙面与顶面，与灰色的立面背景在色彩上形成色阶对比。界面面积虽大，却不破坏整体氛围，并增加了空间视觉层次感。

C 0 M 0 Y 0 K 100

黑色实木格栅与室内家具组合，常用于中式空间的木作色彩表现上。可准确地表达出中式风格的低调稳重，同时与室外的景色相呼应。

C 32 M 82 Y 71 K 0

最具代表性的中国红饱和度高，在中式风格中多表现为布艺、饰品及花艺等小面积的色彩，起到画龙点睛的作用。

◆ 臻品空间设计

C 46 M 38 Y 33 K 0

C 59 M 56 Y 59 K 3

银灰色硬包墙面与浅棕色的木作柜体家具在色彩上具有百搭性，在表达内敛的中式风格中，多应用于背景墙的立面色彩。

C 19 M 23 Y 40 K 0

米黄色大理石地砖的大面积使用，可提升整体的空间亮度。

C 89 M 71 Y 48 K 9

低明度的牛仔蓝用在皮革面料上显得更暗。但是通过灯光可表现出良好的材质质感。

C 18 M 55 Y 66 K 0

C 0 M 0 Y 0 K 0

高饱和度的橙色枫叶与白色的瓷瓶搭配，在灯光的作用下提升餐桌花艺的整体亮度，面积虽小，却具有画龙点睛作用。

C0 M0 Y0 K0

纯洁的白色在素雅的中式风格中可大面积使用，多用于墙面、顶面等空间界面。本案为了将纯白色的硬包墙面设计出变化感，通过铺装组合变化来实现。既保证纯洁的背景效果，又可体现设计的多样性。

C5 M5 Y5 K20

浅灰色通过灯光的色彩变化可表现出不同冷暖色调。楼梯间墙面大面积使用浅灰色，由于阳光不足且局部灯光有限，表现出较暗的暖灰视觉效果。

C90 M75 Y47 K11

C18 M57 Y75 K0

明度低且饱和度高的深蓝色，与纯白色的背景墙搭配，色彩表现力突出。在中式风格中，可与橙色搭配共同使用，组合色彩多表现为点缀色。

C21 M16 Y20 K0

C10 M10 Y10 K70

左右对称的浅米色护墙板与深灰色玻璃搭配，在营造明亮背景效果的同时，又传递出稳重与大气的色彩变化。

C56 M60 Y65 K5

自然百搭的棕色木作在增加墙面自然气息的同时，表现出中式风格稳重大方的一面。

C65 M47 Y32 K0

灰蓝色的绒面布艺床头，在灯光作用下，显得更为柔和，可凸显中式风格的优雅品质。

C29 M22 Y19 K0

C73 M62 Y48 K5

低调的银灰色床品组合，通过灰蓝色的中式靠包及床旗，呈现出与床头、墙面挂画之间的色彩呼应，让大面积的床品色彩融入空间环境中。

臻晶空间设计

轻奢风格墙面配色

◆ 深圳建筑装饰设计

C0 M0 Y0 K0

C5 M6 Y11 K0

纯白色实木线条内嵌浅米色的墙纸与银镜，整个沙发背景简约而不失美学设计感。

C63 M57 Y62 K6

深色的啡网纹大理石在电视背景墙面的应用，传递出空间奢华的格调。

C69 M49 Y29 K0

C5 M6 Y11 K0

具有清凉、优雅感染力的灰蓝色绒面沙发，与温暖百搭的浅米色墙面形成对比，面积虽大，但不突兀，同样营造出和谐的家具主体色彩。

◆ 广州创格设计

C29 M22 Y20 K0

利用灰色材质的变化，设计出由浅至深的色阶搭配，是轻奢风格常用的设计。浅灰色硬包墙面作为背景色，奠定了空间百搭优雅的气质。

C33 M27 Y25 K0

绒面质感的浅灰色床头，通过灰色材质、造型的变化，设计出柔和舒适的视觉效果。

C0 M0 Y0 K100

低调的黑色实木床头柜与浅灰色的墙面，床头形成深浅对比，通过色彩的变化，加强床头柜的存在感。

C72 M65 Y57 K10

C42 M35 Y32 K0

大面积的深灰色床品通过白色的抱枕、床单及浅灰色的搭毯设计，再一次丰富了空间中灰色的变化纬度。虽然颜色变化单一，但质感丰富，同样可以表达色彩与材质的层次感。

C 57 M 58 Y 65 K 5

 C 0 M 0 Y 0 K 30

稳重的褐色硬包墙面搭配左右两侧的银箔,运用凹凸的造型设计,奠定了低调、古典的轻奢色彩基调。

 C 49 M 47 Y 50 K 0

C 0 M 0 Y 0 K 60

墙面转角处,深灰色墙纸与灰镜衔接,通过镜面反射,延展了视觉上的空间纬度,同时又创造出古典的对称效果。

 C 0 M 0 Y 0 K 0

 C 57 M 58 Y 65 K 5

纯白色的皮革软包床头与褐色墙面搭配,呈现出一深一浅的色彩对比。在灯光的作用下,更能凸显白色床头的皮革质感。

◆ 奥迅设计 & 奥妙陈设

 C 46 M 38 Y 33 K 0

 C 0 M 0 Y 0 K 100

百搭的浅咖色硬包墙面与黑色的金属拉丝门框相衔接,再通过不锈钢线条的点缀,给空间增添艺术时尚的气质。

 C 9 M 5 Y 5 K 0

大面积米白色大理石地砖的铺贴,不仅增加了室内亮度,还提升了空间品质,让整体空间更具奢华内涵。

 C 77 M 42 Y 28 K 0

色相明显、饱和度较高的湖蓝色在轻奢风格中适合小面积使用,多用于空间的点缀色。本案中湖蓝色餐椅内包布与窗帘的包边、绑带,起到画龙点睛的效果。

◆ 聚舍联合

■ C 0 M 20 Y 60 K 20

金色暗纹硬包墙面搭配金色镜面与线条，表达出暖色调的轻奢风格。在立面装饰上，铜质的金属、镜面、皮革、大理石、水晶是轻奢空间最常用的材料。

■ C 28 M 29 Y 35 K 0

具有强烈反光质感的米黄色大理石墙面上搭配水晶材质壁灯，内含暖色光源，在灯光的作用下整体更显璀璨、奢华。

■ C 33 M 38 Y 39 K 2
■ C 15 M 13 Y 21 K 0

立体感十足的浅棕色软包呈现出凸凹的设计造型，与左右两侧递进式的象牙色护墙板具有异曲同工之妙，两者一起构成本案的沙发主背景。浅棕色、象牙色的运用，奠定空间沉稳、明亮的色彩基调。

■ C 13 M 12 Y 17 K 0

奶白色的皮革家具与象牙色背景墙形成色彩呼应，构成空间的主体色调。在灯光的映衬下，显得格外精致。

■ C 46 M 38 Y 33 K 0

宝蓝色真丝抱枕与灰蓝色渐变地毯，色相突出且饱和度高，常用于空间的点缀色，搭配沉稳的浅棕色，共同营造出优雅的生活氛围。

■ C 0 M 0 Y 0 K 30

银色金属装饰相框搭配怀旧的建筑照片，在立体感较强的浅棕色背景墙衬托下，更显时尚与奢华。

◆ 奥迅设计 & 奥妙陈设

北欧风格墙面配色

■ C 46 M 38 Y 33 K 0

在室内设计中，背景墙的色彩是营造空间氛围的最重要元素，淡蓝色是北欧风格背景墙的代表色彩。

■ C 26 M 71 Y 35 K 0

玫瑰红色的布艺沙发与背景墙色彩形成对比，凸显沙发单椅在餐厅空间中的重要性。

□ C 0 M 0 Y 0 K 0

纯白色的纱质窗帘与浅蓝色的背景墙相邻，在北欧清新的氛围营造上，两者互相衬托。

□ C 0 M 0 Y 0 K 0
■ C 0 M 0 Y 0 K 100

白底黑框的墙面装饰画，在浅蓝色背景墙衬托下形成色彩上的对比，并与窗帘、餐桌的色彩相呼应，形成和谐的室内氛围。

◆ 精成空间设计

□ C 0 M 0 Y 0 K 0

纯洁的白色在现代北欧风格中，多用于墙面、顶面及部分家具色彩，表达出自由随性的感觉。在本案的立面装饰上，纱帘、乳胶漆墙面、实木柜体以及大理石墙面等材质虽然不同，但都为纯洁的白色。

■ C 25 M 25 Y 29 K 0

自然的原木色与纯洁的白色搭配，是现代北欧风格中最常见的色彩表达。大面积橡木色的木饰面板与地板的颜色统一，并与纯白色的墙面搭配，丰富了空间的设计感及层次感。

◆ 家语设计

■ C 43 M 32 Y 33 K 0
银灰色墙面在阳光的照射下略显偏蓝，形成灰中偏蓝的背景色。

□ C 0 M 0 Y 0 K 0
纯白色的顶面石膏线条、百叶窗、实木踢脚线搭配银灰色的背景墙，既可传递出优雅的室内氛围，又可形成色彩上的对比与呼应。

■ C 33 M 50 Y 51 K 0
棕色的皮革沙发与银灰色的背景墙形成对比，凸显皮革沙发的颜色与质感，提升整体空间品质。

■ C 28 M 21 Y 19 K 0
■ C 65 M 55 Y 52 K 0
在空间整体搭配上，银灰色的布艺摇椅、沙发搭毯、灰色布艺靠包、铁艺圆边几，都以银灰色的背景墙色彩做参照，以材质的差异丰富室内变化。

■ C 25 M 18 Y 15 K 0
□ C 0 M 0 Y 0 K 0
银灰色的墙面色彩构成了空间的背景色。与纯白色踢脚线、门套相搭配，创造出现代北欧风格的室内空间。

■ C 33 M 31 Y 29 K 0
■ C 56 M 60 Y 58 K 5
做旧的白蜡木地板、纯手工打造的柚木桌面配纯白色油漆支架、经典的纯白色曲木餐椅配藤制座面，凸显空间的历史感。

■ C 0 M 0 Y 0 K 100
黑白的人物肖像照片在银灰色的背景墙面的衬托下更具怀旧色彩。

■ C 78 M 68 Y 51 K 9

□ C 0 M 0 Y 0 K 0

深蓝色的背景墙面搭配同色系的木作书柜，在
室内色彩的明度表现上偏暗，与纯白色的顶棚、
窗帘、伊姆斯餐椅、踢脚线形成鲜明的对比反差，
凸显出强烈的设计感。

■ C 27 M 28 Y 37 K 0

柚木色的地面、餐桌与深蓝色的墙面颜色形成
对比，两者界限清晰，视觉效果显著。

■ C 47 M 15 Y 80 K 0

绿叶植物作为北欧空间代表性的装饰元素，在
深蓝色背景墙面的烘托下，更具生命力。

■ C 36 M 9 Y 21 K 0

在北欧风格的居室空间中，要想表现其年轻、
富有活力的室内氛围，一般选用色相明快的、
饱和度高的色彩。碧蓝色的沙发背景墙正是最
理想的选择。

■ C 0 M 0 Y 0 K 30

□ C 0 M 0 Y 0 K 0

30% 灰色墙面与纯白色的木作门套搭配，可创
造出北欧空间中独有的简洁优雅感。

■ C 31 M 42 Y 58 K 0

纯白色的家具与原木色地板在北欧风格中最为
常见，两者的搭配完美营造现代、舒适的室内
氛围。

■ C 19 M 6 Y 15 K 0

■ C 12 M 18 Y 23 K 0

小巧、精致的碧蓝色铁艺茶几与沙发背景墙的
色彩，以及原木色的木作小圆几与地板、吊顶
的色彩分别形成和谐的呼应。

◆ 曾晟设计

 C 25 M 28 Y 32 K 0

 C 59 M 89 Y 100 K 45

整个卧室空间的背景墙满铺杏色墙纸,再搭配原木材质的吊顶,整体温润而富有质感。

 C 59 M 69 Y 69 K 27

 C 22 M 18 Y 21 K 0

深色实木外框内嵌象牙白色软包布艺床头,在高明度的杏色背景墙的衬托下,显得层次分明。高床头的设计,凸显其在卧室中的重要地位。

 C 55 M 67 Y 67 K 9

棕色桃花心木家具与墙面形成深浅色的对比,为整个空间创造出了丰富的变化。

 C 0 M 20 Y 60 K 20

金色做旧的实木相框搭配温暖的杏色墙面,在灯光的配合下创造出美式怀旧的空间氛围。

◆ 清羽设计

 C 25 M 17 Y 17 K 0

 C 0 M 20 Y 60 K 20

淡灰色墙面色彩在现代的美式空间中具有百搭且优雅的特性。纯铜的壁灯、挂钟、金色摆件,在背景色的衬托下,更显其精良的品质。

 C 37 M 29 Y 27 K 0

象牙色三人布艺沙发,暖灰属性,与明度高的淡灰色背景墙搭配,凸显沙发材质与色彩属性。

 C 25 M 28 Y 50 K 0

 C 19 M 25 Y 36 K 0

抽象水墨装饰画中的金色线条与金色打底菱形线条的抱枕,两者距离近,同色却不同质感,丰富空间中金色的层次与质感。

C 56 M 56 Y 65 K 5

驼色的硬包背景墙，为现代美式风格的卧室空间奠定了质朴、温暖的色彩基调。

C 10 M 15 Y 15 K 0

浅米色的软包拉扣床头是与背景墙面接触的最大色块，形成同色系的深浅对比，并创造出和谐、舒适的视觉效果。

C 18 M 18 Y 17 K 0

C 0 M 0 Y 0 K 0

浅米色的真丝布帘搭配通透的白色纱帘，在立面上与背景墙衔接，创造出同色系的深浅对比。让窗帘色彩融入整个空间的色彩层次中，呈现出柔和的视觉效果。

◆ 易和设计

◆ 李益中设计

C 53 M 32 Y 41 K 0

饱和度较高的灰绿色作为大面积的室内背景墙色彩，可谓大胆的设计。同色系、不同材质的变化，打破空间的沉闷氛围。

C 19 M 16 Y 15 K 0

C 0 M 0 Y 0 K 100

米色，黑色的主体家具可充分中和高饱和度的墙面色彩，既创造了现代美式的室内环境，同时解决了室内色彩过于突出的问题。

C 56 M 23 Y 15 K 0

C 40 M 25 Y 15 K 0

浅蓝色的布艺单椅及四叶草地毯，与灰绿色的墙面色彩形成邻近色，它们面积虽大，但色彩表现却十分和谐。

C 11 M 16 Y 61 K 0

明亮的金黄色在空间内作为点缀色设计。金黄色的抱枕、花艺、装饰书，与灰绿色的墙面色彩形成对比色，面积虽小，但视觉效果明显。

C 15 M 8 Y 8 K 0

C 12 M 18 Y 25 K 0

同属高明度的象牙白色护墙板与米色硬包搭配，在中性色光源的照射下，更显质感。

C 68 M 76 Y 72 K 38

高明度色彩的背景墙与低明度色彩的实木家具，形成一深一浅的对比效果，创造出视觉上的前后层次感。

C 22 M 21 Y 19 K 85

深灰色的鹿头挂件在高明度色彩的背景墙衬托下，利用色彩的深浅对比，突出鹿头挂件在空间中的艺术感染力。

C 45 M 65 Y 89 K 5

C 69 M 51 Y 35 K 0

古铜色的硬包背景墙与三人皮革沙发、铜灯及饰品的色彩相呼应，同时与蓝色的单人沙发形成一组对比色，稳重大气的同时还蕴藏着现代空间的活力。

C 0 M 0 Y 0 K 0

C 0 M 20 Y 60 K 20

纯白色的护墙板中嵌入金属线条，与墙面的金属壁灯呼应，空间的轻奢气质油然而生。

C 60 M 60 Y 62 K 7

电视背景墙的色彩搭配影响了紧邻的窗帘色彩，厚实的卡其色布帘搭配通透的白色纱帘，让空间显得更加丰满。

墙面图案设计重点

墙面图案的种类很多，如传统古典纹样、现代几何图案、植物花卉图案、吉祥动物纹样以及材料本身的肌理图案等。由于墙面面积较大，因此必须考虑墙面图案与室内整体设计之间的关系，过多的重复图案会让人产生视觉疲劳，太大的图案也容易破坏整体性。一般来说，凡是与室内家具协调的图案都可以用在墙面上，而且能保持室内的整体性。

有时在墙面装饰中也可以大胆采用趣味性很强的图案，既可以形成室内空间的视觉中心，同时还能给人留下深刻的印象。

在墙面运用图案装饰，比用单纯的色彩更能改变空间气氛。带有具体图像和纹样的图案，能让空间更具个性，也可以更具体地表现装饰主题，打造富有意境的空间。需要注意的是，由于太过具象的图案内容会更加强烈地吸引人的注意力，因此不易与后期其他软装饰品搭配，而且将其作为空间的背景也过于花哨。儿童房、厨房等空间的使用功能相对单纯，只要选居住者喜欢的主题就好，即使图案相对显眼也无所谓。

不同色彩的同一种墙面图案同样可以营造出截然不同的空间氛围

○ 降低纯度与明度的暗色调图案给人沉稳和厚重的感觉

○ 提高纯度与明度的粉色调图案适合表现柔和、甜美而浪漫的空间

○ 灰色与白色为主的中性色图案带来现代简洁的视觉印象

○ 儿童房适合选择富有趣味性的图案

墙面运用
色彩装饰

墙面运用
图案装饰

○ 在色彩相对素雅的空间中，富有装饰性的图案往往可以成为室内的视觉中心

○ 室内墙面图案应与家具、布艺以及其他软装元素的色彩形成呼应

墙面图案对空间的影响

墙面图案可以在视觉和心理上改变房间的尺寸，使室内空间显得狭小或者宽敞。

一般来讲，色彩鲜明的大花图案，可以使墙面向前提，或者使墙面缩小，让房间看上去更小；色彩淡雅的小花图案，可以使墙面向后退，或者使墙面扩展，使房间显得更加宽敞。竖向条纹强调垂直方向的趋势，使层高增加，但房间会显得狭小；横向条纹具有水平扩充的感觉，让房间显得开阔，但层高则会变得低矮。图案还可以使空间富有静感或动感，如纵横交错的直线网格图案，会使空间富有稳定感；斜线、波浪线和其他方向性较强的图案，则会使空间富有运动感。

○ 斜线或波浪线一类的图案会给空间带来运动感

○ 色彩淡雅的小花图案让墙面有后退感，使得房间显得更加宽敞

○ 竖条纹可以增加视觉高度，反之，横条纹可以横向拉升空间感

○ 色彩鲜明的大花图案让墙面有前进感，使得房间显得更小

动感比较明显的图案，最好用在入口、走道、楼梯处的墙面，这类图案可引导人的视线由空间的一端转移到另一端，或由某一空间转移到另一空间。过分抽象和变形较大的动植物图案，不宜用于儿童居室，儿童房的墙面图案应该富有更多的趣味性。

传统古典纹样

传统古典纹样分为欧式古典纹样和中式古典纹样，指的是由历代沿袭下来并具有独特民族艺术风格的纹样。

欧式古典纹样中常见的有佩斯利纹样、朱伊纹样、大马士革纹样、莫里斯纹样等。佩斯利纹样是欧洲非常重要的经典纹样之一。从最初的菩提树叶、海枣树叶摄取形状灵感，再到往大外形框架中注入几何图案、花型及其他细节。其花式设计大小不一，自由多变，唯一不变的是那标志性的泪滴状图案。朱伊纹样作为法国传统印花布图案，以人物、动物、植物、器物等构成的田园风光、劳动场景、神话传说、人物事件等连续循环图案，构图层次分明。大马士革纹样在罗马文化盛世时期是皇室宫廷的象征，大多时候是一种写意的花型，表现形式

也千变万化，现在人们常把类似盾形、菱形、椭圆形、宝塔状的花型都称作大马士革纹样。莫里斯纹样以装饰性的植物题材作为主题纹样的居多，茎藤、叶属的曲线层次分解穿插，互借合理，排序紧密，具有强烈的装饰意味，可谓自然与形式统一的典范，并带有中世纪田园风格的美感。

○ 大马士革纹样

○ 莫里斯纹样

○ 佩斯利纹样

○ 朱伊纹样

◆ 零次方空间设计

中式古典纹样中常见的有回纹、卷草纹、梅花纹、祥云纹等。回纹是已经有几千年历史的中国传统装饰纹样，由横竖短线折绕组成的方形或圆形的回环状花纹，形如"回"字，所以称作回纹。卷草纹如同中国人创造的龙凤形象一样，是集多种花草植物特征于一身，经夸张变形而创造出来的意象形装饰纹样，寓意着吉利祥和、富贵延绵。梅花纹在秦汉时期便开始出现，并在唐宋时期渐渐流行起来，是人们最喜闻乐见的吉祥图案之一。梅花在构成纹样时既可以单独构图，也可以与喜鹊组合构图，寓意喜气洋洋。祥云纹是古人用以刻画天上之云的纹饰，其图案一般由深到浅或由浅到深自然过渡，也有的是由中心向四周逐渐散开，或多种层次深浅变化。

○ 梅花纹

○ 卷草纹

○ 回纹

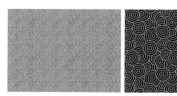

○ 祥云纹

◇ 新中式风格常见的墙面图案

山水风景图案

　　水墨画体现了中式传统文化的精髓，展现出中华民族独有的文化特色和艺术高度，而水墨画里最具代表性的当属水墨泼就的山水画。除了单纯的水墨山水，略施薄彩也会起到不一样的视觉效果。当山峦被赋予色彩之后，整体氛围会更贴近自然。

抽象墨迹图案

　　以水墨为笔触，描绘出的抽象墨迹，色彩或浓或淡，深浅过度自然，如云如雾如炊烟，灵动飘逸、淡泊悠远，非常符合现代人的审美。"看庭前花开花落，望天上云卷云舒"，这份悠然与闲适，正是久居都市的人所追求的。

◆ C.H.Y. 室内设计

◆ 东合设计

梅兰竹菊图

　　梅兰竹菊被历代文人歌颂与描绘，梅一身傲骨，兰孤芳自赏，竹潇洒一生，菊凌霜自放，被称为画中四君子。把梅兰竹菊作为墙面装饰的题材，不仅是颜值所致，更是寓意高贵，其中又以梅和竹的题材应用更加广泛。

◆ 凡生壹品设计

白墙黑瓦图案

中式建筑极具特色，尤其是江南水乡的建筑，白墙黑瓦，一幢一幢交叠在一起，黑白分明犹如一幅水墨画。如今钢筋水泥构筑的高楼大厦将那白墙黑瓦挤兑得越来越少，人们只能在以江南水乡建筑为装饰题材的墙面上，回味它们的模样。

花鸟虫鱼图案

花鸟画是经久不衰的绘画题材，由于其寓意美好、内容生动，因此深得人们的喜爱。中国风的花鸟画，也有自己独特的审美和画法，常见的有喜上眉梢、花开富贵等题材，应用在新中式风格的墙面装饰上，寓意美好与富贵。

◆ 宁洁设计

◆ 罗剑设计

2
现代几何图案

几何图案从原始构成上来说就是经纬线的交替穿插。从古至今，人们根据自己的想法创作改变经纬线秩序、排列形成各种复杂多变的几何图案。几何图案的美学意义，首先就是和谐之美，再由和谐派生出对称、连续、错觉，这四种审美既独立存在，又相互联系。几何图案在墙面装饰上有着广泛的应用，是现代风格装饰的特征之一。常见的几何图案有条纹、格纹、菱形纹样以及波普纹样等。

条纹作为经典的纹样，装饰性介于格子与纯色之间，跳跃性不强，显得典雅大方。一般来说，墙面运用竖条纹可以让房间看起来更高，水平条纹则可以让房间看起来更大。如果追求个性，对比鲜明的黑白条纹可以吸引足够的目光。

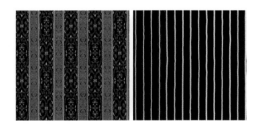

○ 条纹图案

波普纹样是一种利用视觉错视绘制而成的绘画艺术。它主要采用黑白或者彩色几何形体的复杂排列、对比、交错和重叠等手法造成各种形状和色彩的骚动。有节奏的或变化不定的活动感，给人以视觉错乱的印象。

○ 波普图案

◆ 壹念叁仟李战强设计

◆ 尚层装饰设计

菱形纹样很早就被人们所运用。早在三千年前，马家窑文化时期的彩陶罐就用菱形作为装饰。由于菱形纹样本身就具备均衡的线面造型，再基于与生俱来的对称性，从视觉上给人以稳定、和谐之感。

○ 菱形图案

格纹是由线条纵横交错而组合成的纹样，它没有波普纹样的花哨，而多了一份英伦的浪漫。如果在墙面巧妙地运用格纹元素，可以让整体空间散发出秩序美和亲和力。

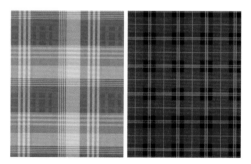

○ 格纹图案

○ 菱形图案由于其对称的特性，在视觉上给人稳定和谐的美感

○ 格纹图案是英伦风格的特征之一，表现出秩序的美感

3
植物花卉图案

植物花卉图案是指以植物花卉为主要题材的图案设计，将植物花卉图案与现代墙面装饰设计相融合，在传承植物纹样传统文化的同时，也体现了人们对自然和生态的追求。我国是最早运用植物花卉图案的国家之一，并对欧洲早期的纺织品图案产生了深刻的影响。唐代团花图案的出现，表明了植物花卉图案趋于成熟，此后又出现了以桃花、芙蓉、海棠等为题材的植物花卉图案。国外对植物花卉的运用也有很长的历史，如印度、波斯的植物图案最早起源于生命树的信仰，后来逐渐被石榴、百合、玫瑰等花卉替代。

写实花卉图案、写意花卉图案、簇叶图案是几种常见的植物花卉图案类型。中国传统的工笔花卉画就是一种写实花卉图案，受中国写实花卉的影响，西方早期花卉图案主要是对客观事物的真实描绘，把多种花卉集于同一画面上，使之疏密有致地分布。写意花卉图案主要运用抽象、概括、夸张的手法来描绘花卉图案，又被称作"似花非花的图案"。

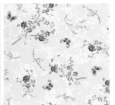

○ 写实花卉图案

○ 写意花卉图案

簇叶图案主要是将植物叶子作为单独装饰图案的形象，并通过不同的排列组合，形成强烈的节奏感和韵律感。早在 17 世纪前后，欧洲的巴洛克风格家居装饰就出现了很多莨苕叶和棕榈叶的图案。

○ 簇叶图案

◆ 布鲁盟设计

○ 中式风格的床头墙上绽放似锦繁花，空间中仿佛有一种时隐时现的鸟鸣声

◆ 宁洁设计

○ 东南亚风格的墙面装饰中常见阔叶植物类图案，体现热带雨林的主题

○ 美式风格空间强调回归自然，墙面装饰上常见各类花卉图案

吉祥动物纹样

　　动物纹样出现的历史较早，在已发现的新石器时期的陶器上，就有大量的动物纹样，其中包括鱼纹、鹿纹、狗纹等，多较为抽象。除抽象的动物纹样之外，传统中式纹样中还常出现传说中的动物纹样，如龙凤纹、麒麟纹、孔雀纹、仙鹤纹等。这些纹样由于寓意吉祥，深受人们的喜爱。西方的动物纹样往往与神话故事相关联，例如拜占庭时期的狮鹫兽纹样、中世纪时期的独角兽纹样等。

　　在现代家居装饰设计中，动物纹样的应用较为广泛，各种兽鸟纹为墙面带来了不同的图案表情，表达出了动物与人类之间的和谐关系。此外，昆虫与鸟类等图案虽然小巧，但可以起到画龙点睛的作用。

○ 仙鹤纹样　　　　　　○ 龙凤纹样　　　　　　○ 麒麟图案

○ 孔雀纹样　　　　　　○ 中世纪独角兽挂毯

◆ 杜文魁设计

○ 孔雀和大象在东南亚被认为是吉祥物，这类纹样是东南亚风格空间经常运用的装饰元素

◆ C.H.Y. 室内设计

○ 龙纹是中华民族文化的象征之一，从原始社会至今始终沿用不衰

◆ 杜文彪设计

○ 在现代设计中，蝴蝶等昆虫类图案可在墙面装饰中起到画龙点睛的作用

– Point

5

材料肌理图案

　　材料肌理是指材质表面的组织纹理结构，即各种纵横交错、高低不平、粗糙平滑的纹理变化。任何材料表面都有其特定的肌理，有的肌理粗犷、坚实、厚重、刚劲，有的肌理细腻、轻盈、柔和、通透。

　　材料肌理图案分为自然肌理图案和创造肌理图案。自然肌理图案是由大自然造就的材料自身所固有的肌理特征，如天然木材、竹藤、石材等表面没有加工所形成的肌理。

○　自然肌理图案

创造肌理图案是指对材质表面进行雕刻、压揉等工艺处理，然后再进行排列组合而形成的纹理特征。如瓷器的结晶釉、搪瓷的花纹以及皮革加工肌理、玻璃加工肌理等。此外，像墙砖、马赛克、木饰面板等块形材料，在装饰过程中，往往是通过拼合接缝而产生新的构成纹理，这也属于创造肌理图案。

○ 创造肌理图案

全屋墙面
装饰材料分类与应用

软包是室内墙面常用的一种装饰材料。其表层分为布艺和皮革两种材质，可根据实际需求进行选择。软包能够柔化空间氛围，提升室内生活的舒适感以及时尚感。而且无论是配合镜面、墙纸还是乳胶漆，都能营造出大气又不失温馨的氛围。此外，软包还具有隔音阻燃、防潮防湿、防霉菌、防油污、防灰尘、防静电、防碰撞等多种优点。

◆ YORO 御融设计   ◆ CCD 设计

在室内设计中，软包的运用非常广泛，对区域的限定也较小，如卧室床头背景墙、客厅沙发背景墙以及电视背景墙等。由于软包在施工完成后清洁起来比较麻烦，因此必须选择耐脏、防尘性良好的软包材料。此外，对软包面料及填塞材质的环保标准，也需要进行严格的把关。

○ 菱形的皮质软包富有装饰感，是表现轻奢气质非常重要的装饰元素之一

皮质软包

　　皮质软包一般运用在床头背景墙居多，其面料可分为仿皮和真皮两种。在选择仿皮面料时，最好挑选亚光且质地柔软的类型，太过坚硬的仿皮面料容易产生裂纹或者脱皮的现象。除了仿皮面料之外，还可选择真皮面料作为软包饰面，真皮软包有保暖结实、使用寿命长等优点。常见的真皮皮料按照品质高低划分有黄牛皮、水牛皮、猪皮、羊皮等几种。需要注意的是，真皮有一定的收缩性，因此在做软包墙面时需要做二次处理。

　　皮雕软包是以旋转刻刀及印花工具，利用皮革的延展性，在上面运用刻划、敲击、推拉、挤压等手法，制作出各种表情以及深浅、远近等感觉。或在平面山水画上点缀以装饰图案的形状，使图案纹样在皮革表层呈现出浮雕式的效果，其工艺手法与竹雕、木雕等类似。皮雕软包一般是模具压制出来的，不可以根据尺寸定制，所以其价格一般按照块数进行计算，搭配使用的边条则是按照平方数计算。

布艺软包

　　在墙面使用布艺软包装饰，不仅能柔化室内空间的线条，营造温馨的格调，还能增添空间的舒适感。各种质地的柔软布料，既能降低室内的噪声，又能使人获得舒适的感觉。

　　此外，还可以选择使用布艺刺绣软包作为室内墙面的装饰。刺绣软包在通俗意义上是指利用现代科技和加工工艺，将刺绣工艺结合到软包产品中，使之成为软包面料的层面装饰。

　　软包是内层填充海绵，然后外面用布包好，其质感比较柔软；硬包是直接在基层木工板上做所需造型板材，边做成45°斜边，再用布艺装饰表面。硬包的装饰效果与贴墙纸相似，优点是布艺脏了可以拆下来洗干净。

◆ 纳沃设计

○ 运用皮雕软包装饰中式书房的墙面，形成层次分明的立体效果

◆ 朴文成设计

○ 布艺刺绣软包

○ 布艺硬包

○ 布艺软包

– Point
2
选购常识

在选购真皮面料的软包时，应观察皮革表面的毛孔，牛皮毛孔细而密呈不规则排列，皮质光洁；猪皮毛孔则呈品字形三角排列，皮质疏松；而人造革没有毛孔，或者是由机器打的透气孔。真皮软包在色彩和样式上没有仿皮软包丰富，但真皮的质感往往给人以大气稳重的感觉。

在软包的颜色上，应考虑到色彩对人心理以及生理所带来的影响，如餐厅空间需要营造出愉悦的用餐气氛，可以搭配黄色、红色等材料；而卧室空间则可以使用白色、蓝色、青色、绿色的软包材料，使人的精神达到缓和松弛的状态。此外，可以选择带有一定花纹图案和纹理质感的软包，使图案因远近不同而产生明暗不同的变化。也可以根据不同墙面设计不一样的软包造型，不仅可以在视觉上增大空间，还能丰富室内的装饰效果。

○ 块状造型的软包相比普通软包造型更有立体感

软包的颜色和造型十分丰富，可以是跳跃的亮色，也可以是中性沉稳色，可以是方块铺设，也可是菱形铺设。在设计时，除了要考虑好软包本身的厚度和墙面打底的厚度外，还要考虑到相邻材质间的收口问题。收口材料可以根据不同的风格以及自身的喜好进行选择，常见的有石材、不锈钢、画框线、木饰面、挂镜线、木线条等。此外，在预埋管线的时候，要提前计算好软包的分隔以及分块情况，并且不要在软包的接缝处预留插座，最少也应保持 80mm 左右的距离。否则在后期施工的时候，会出现插座无法安装或者插座装不正的现象。

软包在施工前，要先在墙面上用木工板或九厘板打好基础，等硬装结束，墙纸贴好后再进行安装。一般软包的厚度在 3~5cm，底板最好选择 9mm 以上的多层板，尽量不要用杉木集成板或密度板，因为杉木集成板或密度板稳定性差，受气候影响比较容易起拱。

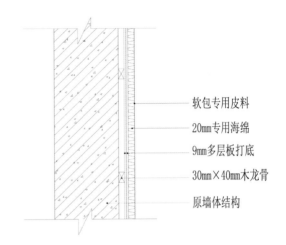

软包专用皮料
20mm专用海绵
9mm多层板打底
30mm×40mm木龙骨
原墙体结构

○ 软包施工剖面图

◆ 吴文洁设计

○ 软包墙面运用不锈钢线条进行收口，是现代轻奢风格空间常用的设计手法

墙布也叫纺织墙纸，主要以丝、羊毛、棉、麻等纤维织成，由于花纹都是平织上去的，给人一种立体的真实感，摸上去也很有质感。墙布可满足多样性的审美要求与时尚需求，因此也被称为"墙上的时装"，具有艺术与工艺附加值。墙布和墙纸通常都是由基层和面层组成，墙纸的基底是纸基，面层有纸面和胶面；墙布则是以纱布为基底，面层以 PVC 压花制成。由于墙布是由聚酯纤维合并交织而成，所以具备很好的固色能力，能长久保持装饰效果。墙布的防潮性和透气性较好，污染后也比较容易清洗，并且不易擦毛和破损。

墙布的种类繁多，不同质地、花纹、颜色的墙布在不同的房间，与不同的家具搭配，都能带来不一样的装饰效果。在为室内墙面搭配墙布时，既可选择一种样式的铺装以体现统一的装饰风格，也可以根据不同功能区的特点以及使用需求选择相应款式的墙布，以达到最为贴切的装饰效果。

纱线墙布

纱线是一种人工纺纱工艺，具有环保性好、柔韧度强等特点。由于纱线墙布可用不同样式的纱或者线设计出丰富的图案和色彩，因此其装饰效果十分出众。

◆ 范创意环境设计

○ 因为表层材质为丝、布等，所以可呈现更加细致精巧的质感

织布类墙布

织布类墙布可分为平织墙布、提花墙布、无纺墙布以及刺绣墙布等类型。由于其种类繁多、装饰效果丰富多样，可满足不同室内风格的装饰需求。

○ 平织墙布

○ 提花墙布

○ 无纺墙布

○ 刺绣墙布

植绒墙布

植绒墙布是指将短纤维黏结在布面上，具有质感良好的丝质感以及绒布效果。植绒墙布不会因为颜色的亮丽而产生反光，而且布面上的短纤维可以起到极佳的吸音作用。

功能类墙布

功能类墙布由于采用了纳米技术和纳米材料进行处理，因此具有阻燃、隔热、保温、吸音、抗菌、防水、防污、防尘、防静电等丰富的功能。

在购买墙布时，首先应观察其表面的颜色以及图案是否存在色差、模糊等现象。墙布图案的清晰度越高，说明墙布的质量越好。其次，看墙布正反两面的织数和细腻度，一般来说表面布纹的密度越高，则说明墙布的质量越好。此外，墙布的质量主要与其工艺和韧性有关，因此在选购时，可以用手去感受墙布的手感和韧性。特别是植绒类墙布，通常手感越柔软舒适，说明墙布的质量越好，并且柔韧性也会越强。墙布的耐磨耐脏性也是选购时不容忽视的因素。在购买时可以用铅笔在上面画几笔，然后再用橡皮擦擦掉，品质较好的墙布，即使表面有凹凸纹理，也很容易擦干净，如果是劣质的墙布，则很容易被擦破或者擦不干净。

○ 墙布的质量与其表面布纹的密度成正比

与墙纸相比，墙布的施工没有这么复杂，而且由于不需要剪裁和拼接，因此铺贴效果也要优于墙纸。墙布在施工前应确保墙面干净平整，在墙布上墙前还须对墙面以及墙布的长度进行测量，以确定铺贴面积，再对墙布的表面进行检验，确保干净无脏污。施工时，先在墙面上滚刷墙基膜，并按比例调好墙布胶。基膜干后从墙壁的阴角处开始滚刷墙布胶，墙布胶不宜涂刷过多过厚，以免发生溢胶的现象。涂刷完毕后，将墙布滚展开再用刮板将其刮贴在墙上，顺序是由里至边，将墙布上下贴齐后再按顺序继续进行铺贴。如阴角不直，可在阴角处进行搭接剪裁。待一面墙铺贴完成后，应及时用干净的湿毛巾将多余的胶浆擦拭干净，以免留下痕迹。整屋铺贴完毕后，应仔细进行全面的检查，如发现有气泡、鼓泡等情况，可以用蒸汽熨斗将其熨平。

墙布的铺贴形式可分冷胶铺贴和热胶铺贴，冷胶铺贴是使用普通墙纸胶或者环保糯米胶按照比例稀释调兑后涂刷到墙壁上，等水分蒸发后形成了黏性，再进行铺贴。冷胶铺贴法的优点是技术较成熟，而且可以自行选择胶水。缺点是需携带胶水、配料桶等设备，因此单人操作较为困难。热胶铺贴是墙布背面自带背胶，施工时无须上胶，背胶在常温下是固体状态，因此需要使用高温熨烫将其融化，再用专业熨斗进行操作。热胶铺贴的优点是施工时不发生溢胶和渗透，不污染墙布表面和室内其他物体，墙布不起皱，边角平直，透气性良好。缺点是施工过程复杂，并且需要机器加温加压，因此对施工工艺要求较高。

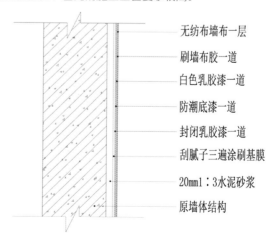

无纺布墙布一层
刷墙布胶一道
白色乳胶漆一道
防潮底漆一道
封闭乳胶漆一道
刮腻子三遍涂刷基膜
20mm1：3水泥砂浆
原墙体结构

○ 墙布施工剖面图

在室内墙面装饰中，镜面材料的装点及运用不仅能张扬个性，而且能体现出具有时代感的装饰美学。因此，在众多设计理念融合发展以后，越来越多的家居开始使用镜面元素装饰墙面。在面积较小的空间中，巧妙地在墙面上运用镜面材质，不仅能够利用光的反射增加空间采光，更能起到延伸视觉空间的作用。需要注意的是，在设计的时候不能将镜面对着光线入口处，以免产生眩光。此外，如果在室内空间的墙面安装镜面，应使用其他材料进行收口处理，以增强安全性和美观度。

镜面元素的使用，可以带来丰富的装饰效果，但也容易扰乱视觉方向。因此，可以选择在室内的局部区域进行点缀使用，让其展现出更为灵活生动的装饰效果。

第三节

镜面

Whole

House

Wall

Decoration

种类		特点	参考价格（每平方米）
茶镜		给人温暖的感觉，适合搭配木饰面板使用，可用于各种风格的室内空间	约 190~260 元
灰镜		适合搭配金属使用，即使大面积使用也不会过于沉闷，适用于现代风格的室内空间	约 170~210 元
黑镜		色泽给人以冷感，具有很强的个性，适合局部装饰于现代风格的室内空间中	约 180~230 元
银镜		指用无色玻璃和水银镀成的镜子，在室内装饰中最为常用	约 120~150 元
彩镜		色彩种类多，包括红镜、紫镜、蓝镜、金镜等，但反射效果弱，适合局部点缀使用	约 200~280 元

　　在选购镜面材料时，应从正面、侧面、反面多个角度去观察镜子，并各个角度上下左右移动视线。如果镜面中的影像没有弯曲变形，镀膜无杂色，那么说明其品质较好。此外，还要观察镜面的切口是否有破裂，因为小小的缺口可能会导致整块镜子破碎。

　　镜面的厚度是其定价的重要因素，不少人为了省钱而选择比较薄的镜面材料，但由于其强度较低，镀膜相对也会较薄，在安装以及日后使用过程中，如果受到撞击容易发生折断或者破裂，使用时间长了也会出现掉膜等现象，因此建议选择厚度不低于 5mm 的镜面材料。虽然镜面材质很硬，但却可以通过电脑雕刻出各种形状和花纹，因此可以根据自己需要的图案进行定制。此外，镜面的色彩也很丰富，可根据色卡进行选择。

○ 茶镜十分适合轻奢风格的室内空间

○ 大面积的银镜在视觉上扩展了整个空间

○ 黑镜与白色护墙板形成鲜明的视觉反差

○ 客厅中安装大块的镜面可增加空间的开阔感，但应事先考虑好大尺寸镜面搬运上楼问题

– Point –

3
装饰技法

　　如果客厅面积不是很大，在墙面铺贴大块的镜面可以带来很好的视觉调节作用。需要注意的是，镜面的高度建议尽量不要超过 2.4m，因为常规镜子的长度一般在 2.4m 以内，高于 2.4m 这个尺寸的镜面通常需要定制，而且后期的搬运和安装都存在一定的风险，安装也相对比较麻烦。

　　在餐厅的背景墙上使用镜面进行装饰也是一种很好的设计手法。如果餐厅面积在 8~12m² 以内，为其搭配的镜面尽量不要设计过多的造型，否则会让空间显得凌乱繁杂。如果餐厅空间相对较大，则可根据设计风格适当搭配具有图案设计的镜面来进行衬托，以提升装饰效果。

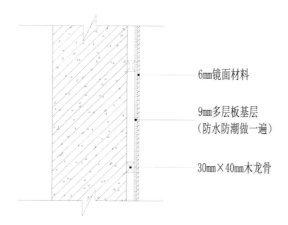

6mm镜面材料

9mm多层板基层
（防水防潮做一遍）

30mm×40mm木龙骨

○ 镜面材料施工剖面图

○ 餐厅空间的墙面运用镜面进行装饰，具有丰衣足食的美好寓意

在卧室空间中装饰镜面，从传统角度来说是较为忌讳的。不过在现代家居设计中，只要镜面的位置处理得当也无伤大雅。但是镜面最好不要对着床或房门，因为夜里起床，人在意识模糊的情况下，看到镜子反射出来的影像可能会受到惊吓。

○ 卧室墙上的镜面最好安装在床头两侧的位置，避免正对着床或房门

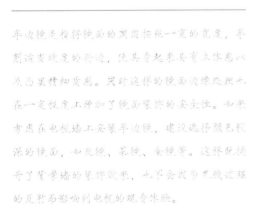

车边镜是指将镜面的周围按照一定的宽度，来斜切出坡度的斜边，使其看起来具有立体感以及比较精细质感。另外这样的镜面边缘处理也在一定程度上增加了镜面装饰的安全性。如果考虑在电视墙上安装车边镜，建议选择颜色较深的镜面，如灰镜、茶镜、金镜等。这样既提升了背景墙的装饰效果，也不会因为光线过强的反射而影响到电视的观看体验。

○ 车边镜相比普通的镜面显得更有层次感和立体感

玻璃是用多种无机矿物，如石英砂、硼砂、硼酸、重晶石、碳酸钡、石灰石、长石、纯碱等为主要原料，再加入少量辅助原料制成的。此外，还有混入了某些金属的氧化物或者盐类而显现出颜色的有色玻璃，以及通过物理或化学方法制作而成的钢化玻璃等。

玻璃是室内装饰中透光性较好的材料，其呈现出晶莹剔透的质感，显著提升了室内空间的格调。如果将玻璃作为室内空间的隔断墙，既能分隔空间，又不会阻碍光线在室内的传播，因此也在一定程度上改善了部分户型的采光缺陷。需要注意的是，由于玻璃材质的反光特性，在设计时要充分考虑安装玻璃隔断的位置会不会造成光源与视线冲突。

材料类型

艺术玻璃

艺术玻璃是以彩色玻璃为载体，通过磨砂乳化、热熔、贴片等工艺制作而成的一种玻璃制品。常见的艺术玻璃种类有银镜玻璃、彩绘玻璃、喷砂玻璃、LED玻璃、压花玻璃、雕刻玻璃等。此外，还有不少装饰性更强的种类，如热熔玻璃、激光雕刻玻璃、机理玻璃、热弯玻璃等。艺术玻璃以其独有的高雅清新、晶莹剔透的品质以及装饰效果强烈等特点，被广泛运用到室内装修中，不仅可以使人们感受其独特艺术气息，还能为家居生活增添几分情趣。

烤漆玻璃

烤漆玻璃是指在玻璃的背面喷漆，然后在30~45℃的烤箱中烤8~12小时制作而成的玻璃种类。众所周知，油漆对人体具有一定的危害性，因此烤漆玻璃在制作时一般会采用环保型的原料和涂料，从而大大提升了品质与安全性。

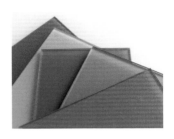

烤漆玻璃是一种极富表现力的装饰玻璃品种，通常运用于室内的墙面装饰以及私密空间的隔断。根据制作的方法不同，烤漆玻璃可分为油漆喷涂玻璃和彩色釉面玻璃，在彩色釉面玻璃里面，又可分为低温彩色釉面玻璃和高温彩色釉面玻璃。

夹层玻璃

夹层玻璃是在两片或多片玻璃之间夹一层或多层有机聚合物中间膜，再经过高温预压及高温高压工艺处理后，使玻璃和中间膜永久黏合为一体的复合玻璃产品。常用的夹层玻璃中间膜有PVB、SGP、EVA、PU等。夹层玻璃即使碎裂，碎片也会被粘在薄膜上，并且破碎的玻璃表面仍保持整洁光滑，因此能够有效防止扎伤事故的发生。

玻璃砖

　　近年来，玻璃材质的使用范围越来越广，其形式也越来越多样化，玻璃砖就是众多玻璃材质中的一种。玻璃砖是由透明玻璃料压制而成的，其品种主要有玻璃空心砖、玻璃实心砖等。在室内空间中运用玻璃砖作为隔断，既能起到分隔功能区的作用，还可以增加室内的自然采光。此外能很好地保持室内空间的完整性，并让空间更有层次，视野更为开阔。

- Point
2
选购常识

　　在购买玻璃材质时，要仔细观察玻璃的平整度，并且查看其表面有无气泡、划伤缺口或是否掺杂杂物等比较明显的缺陷。有此类缺陷的玻璃不仅透明度和机械强度会降低，而且十分影响装饰效果。如果购买的是空心玻璃，则应仔细检查是否有裂纹以及熔接不良等情况，以免影响日后的使用。

◆ 零次方空间设计

○ 花鸟图案的玻璃隔断使得空间内流淌着自然生机感

玻璃装饰墙面可以考虑不用广告钉，直接用胶粘就可以，但是基础底面一定要平整，最好用多层板或者高密度板先打底。施工时一定要计算好拼缝的位置，最好能把接缝处理在造型的边缘或者交接处。艺术玻璃多为立体，因此在安装时，其留框的空间要比一般玻璃略大一些，安装后才会贴合更密切，形成更好的美观效果。

玻璃隔断墙在卫浴间内的运用极为常见，其最为主要的作用就是干湿分离。卫浴间的玻璃隔断形式一般可分为玻璃移门、玻璃开门、固定玻璃隔断等。卫浴间在设计玻璃隔断前，应预留挡水条，并先铺设好地砖和墙砖，再按铺贴好的挡水条实际尺寸定做玻璃隔断。如果用玻璃砖墙作为隔墙，铺设时必须请专业的人员进行施工。

○ 卫浴间中的玻璃隔断在实现干湿分区的同时，不会阻挡空间的光线

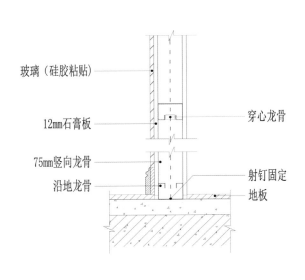

○ 玻璃墙面施工剖面图

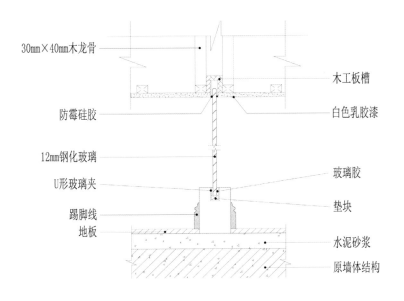

○ 玻璃隔断施工剖面图

第五节

墙绘

Whole
House
Wall
Decoration

墙绘是指以绘制、雕塑或其他造型手段在天然或人工墙面上绘制的画，又称为墙画或墙体彩绘。墙绘是近年来室内墙面设计的潮流，不仅能体现出室内装饰的魅力，同时也彰显出空间的个性与品位。与墙纸相比，墙绘比较随性、富有变化，经过涂鸦和创作可以令墙面更具个性化的美感。一般对生活有追求且有个性的年轻人，会选用墙绘的方式来装饰墙面。每一笔、每一种色彩都可以随性而为，可以是抽象的元素，也可以是具象的造型，全凭个人喜好来决定。由于墙绘能带来生动活泼的装饰效果，因此非常适合运用在儿童房的墙面设计中。

目前常见的墙绘材料有水粉、丙烯、油画颜料，从这三种颜料的性能来看，丙烯颜料最好，最适合用作墙体绘画，而且无毒无味无辐射，十分环保。此外，丙烯颜料还不易变色，能让绘画效果保持长久不变，而且干燥后其表面会形成一层胶膜，因此也具有一定的防水防潮性。

○ 丙烯颜料

普通墙绘

普通墙绘适用于室内装饰以及墙体的装饰点缀，如过道墙面、客厅背景墙、卧室床头背景墙等。由于绘制采用的涂料无毒无害，因此也可以选择在入住后进行绘制。

◆ 鸣述设计

隐形墙绘

由于隐形墙绘采用了新型的特殊涂料，因此在个性图案设计的基础上，为室内空间增添了一份神秘的装饰效果，是追求创意设计墙面的极佳选择。

　　绘制墙绘前需要先将墙面底色层做好，一般的乳胶漆墙面，底色可以根据选好的图案而定，但最好不要有凹凸不平的小颗粒，保证墙面的平滑。其次用铅笔在墙面上画出底稿，这样能降低失误概率。还有一种方法是直接采用幻灯片，将图案投影在墙上，再加上颜色。画完底稿后开始进行配料和上色，配料可根据设计图上的预期色彩来调配。如没把握，可先在纸上进行对比、配色，觉得可以再直接上色，一般是先上浅色再上重色。上色时，为了避免弄脏附近地面，可先在墙壁边上铺盖抹布或者报纸等进行遮挡。待绘画完毕后要注意房间通风，让其自然干即可。

① 墙面处理

▼

② 绘画底稿

▼

③ 配料上色

▼

④ 成品保护

○ 先用铅笔在墙面上画出底稿后再上色是比较稳妥的方式

搁板是置于柜内或固定在墙面上用以安放物件的设计，放置装饰品以及书籍是搁板最为常见的用途。客厅、卧室的墙面都可以使用搁板来作为展示平台，把装饰摆件、家人的照片、植物盆栽、装饰画甚至自己亲手制作的手工艺品摆放在上面，增加空间层次感的同时，更具装饰效果。此外，家里难免会有一些放柜子太小、空着又可惜的边角地带，若在这些地方装上几块搁板用来收纳日用品或陈设装饰摆件，都能起到提升空间利用率的作用。

◆ 爾土设计

搁板的材质有很多种，其中以原木为基材的搁板较为常见。此外，还有玻璃、铁艺、不锈钢、亮面烤漆等材质的搁板。

在选择时，应结合不同功能区的搭配需求而定。如卫生间适用玻璃、不锈钢等材质的搁板，不用担心被水长期浸湿而产生变形以及腐蚀；而客厅和厨房则可以根据装修风格选择相应的搁板材质，比如在田园风格的室内，利用木质搁板与铁艺支架进行搭配设计，可以营造自然朴素的氛围。而现代风格的室内则更适合搭配亮面烤漆或者亚光的搁板，为室内环境增添时尚现代的气质。

○ 烤漆搁板

○ 原木搁板

○ 铁艺搁板

○ 玻璃搁板

在挑选搁板的过程中，首先需要对搁板的五金部件和自身材料做出鉴别，这些因素决定着搁板的承载能力。其次要充分考虑空间的装饰风格以及家具摆放的位置，并且对各种风格的搁板要有初步的认识。通常直线条的搁板显得简洁大气，造型曲折多变的搁板则更富有个性。

有时为了增加实用性或美观性，会选择使用超长的搁板，但在使用一段时间后，搁板的中间部分会向下沉降并弯曲。因此，在做这种长度超过一米的搁板时，建议用双层细木工板进行制作，这样可以有效避免因长期使用或载重较大，搁板中间部分向下弯曲的情况发生。

◆ 星翰装饰设计

○ 用双层细木工板制作超长搁板，可避免使用时间长了后搁板产生变形的情况

○ 曲折造型搁板

- Point

3

装饰技法

　　客厅电视墙的设计形式有很多种，如果不想让墙面显得太复杂，可以只在电视机上方安装一条长搁板。简洁且不加雕琢的设计，能为客厅营造出一种纯粹的美感，而且还具有一定的收纳作用。此外，还可以选择组合式搁板，不仅能增加陈列空间，还能增加客厅空间的设计美感。无论是设置单层搁板还是多层搁板，抑或是搁板加壁柜的组合，都能让电视墙显得更加鲜活生动。

　　在沙发背景墙上设计搁板并搭配书籍、花草、工艺饰品等元素，扩充收纳空间的同时，还可以达到美化客厅环境的效果。建议把搁板高低摆放，最好长短不一，让其在视觉上显得更为活泼。安装前要先测量沙发墙的长短，再决定搁板的宽度以及排数。大面积的沙发墙可安装三排以上的搁板，如墙面较小，则安装两排搁板就足够了。搁板的宽度建议不要超过 30cm，一般控制在 23~27cm 之间为宜。

　　搁板在安装前应先进行规划，如量好墙面和搁板对应的尺寸，以及对墙体和搁板的钻孔位置进行测量等。如果搁板自重过大或需要在上面放置较重的物品，则需要在施工过程中做预埋件以增加承重能力。此外，搁板最好安装在承重墙上，新建的轻体砖非承重墙也可直接安装，如果是轻钢龙骨的轻体墙，则需要加设衬板支撑再安装搁板。由于空心砖和泡沫砖的墙体承重能力较差，因此不宜在其上安装搁板。

○ 直线条搁板

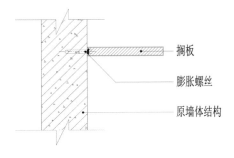

搁板

膨胀螺丝

原墙体结构

○ 搁板施工剖面图

○ 沙发墙上安装高低错落、长短不一的搁板，给人较为活泼的视觉感受

○ 多层搁板具有秩序的美感，通常适合层高较高的室内空间

○ 电视机上方的搁板除了增加墙面的层次感之外，也可以成为展示软装饰品的好去处

○ 搁板下方安装灯带，给空间带来具有线条感和空间感的光线照明，也让搁板上的展示物更加突出

将字母做成搁板来装饰墙面极具创意，在操作时要特别注意字母不能做得太小，太小了木工师傅很难制作。此外，建议选择比较

简单的字母或者弧形比较少的字母来做搁板，比如"L"做层板就比较方便，但是"B"做层板就很麻烦困难。

文化砖是指人工烧制形成的瓷砖，是经常用来装饰墙面的材料之一。由于文化砖的砖面做了艺术仿真处理，其在某种程度上成了可供欣赏的艺术品。文化砖的制作材料主要是水泥，再用一些增色剂保持文化砖的色彩长期稳定不褪色。如今的文化砖已不再只是单一的色调了，因此可根据需求随意搭配，使其装饰效果更具观赏性。虽然文化砖在颜色及外形上不尽相同，但都能恰到好处地提升空间气质。

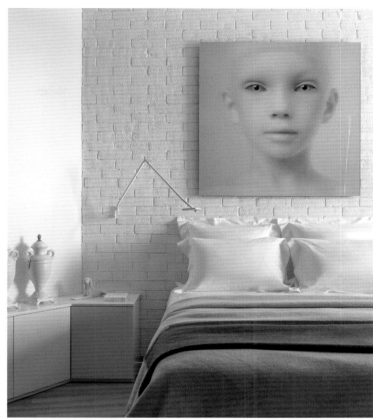

Point 1
材料类型

文化砖规格种类非常多，包括仿天然、仿古、仿欧美三大系列。文化砖的尺寸规格并没有统一的规定，根据不同的应用场合会有不同的变化。目前市面上常见的文化砖尺寸主要有厚度为 10mm、20mm 和 30mm 三种，长度与宽度的规格有 25mm×25mm、45mm×45mm、45mm×95mm、73mm×73mm 等。

Point 2
选购常识

不同种类、不同规格的文化砖其价格也有所不同。目前市场上文化砖的价格每平方米从几十元到几百元都有，主要看文化砖的规格、厚度以及材质。一般的文化砖价位在 50~100 元 /m²，规格高一些的也就在 350 元 /m² 左右。

在选购文化砖时不仅要看表面纹理，还要看背面的陶粒是否均匀排列，大小均匀更有助于增加产品的黏附力。此外，还要看文化砖的断面是否密致，质量不过关的文化砖，其断面通常都较为粗糙，而质量较好的文化砖，其断面较为均匀紧致。由于文化砖表面一般都是凹凸不平的，因此劣质的文化砖可能会出现掉粉、起皮的现象。而高质量的文化砖一般会采用进口有机色粉进行饰面，制作工艺也更为考究，因此可以避免此类现象发生。

○ 高质量的文化砖不仅纹理逼真、自然，而且其纹理几乎不重复

　　在室内运用文化砖时，应根据墙面的大小来选择文化砖的样式及大小。大面积墙面尽量选择大尺寸的文化砖，相反则选择小一点的，体积上的相互协调能带来更为和谐的装饰效果。虽然文化砖能体现出典雅自然的空间气质，但在使用时忌大面积铺贴，而是以局部的装饰点缀为主。此外，虽然文化砖在档次和装饰效果上都比较好，但安装方式却很简便，只要按照普通的瓷砖铺贴方式就可以。需要注意的是，由于文化砖的表面凹凸不平，不易清洁，因此在铺贴时应注意保持表面清爽干净。

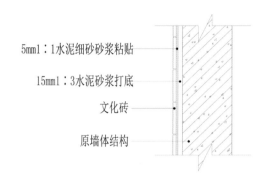

5mm1：1水泥细砂砂浆粘贴

15mm1：3水泥砂浆打底

文化砖

原墙体结构

○ 文化砖施工剖面图

基层为毛坯或水泥墙——选用瓷砖粘贴剂

步骤一 按要求加水

步骤二 将适量比例的灰浆置于文化石的背面（颗粒感强的一面）

基层为木板、玻璃等墙面——选用玻璃胶、结构胶

步骤一 将适量的玻璃胶或者结构胶置于文化石的背面

步骤二 按照铺贴顺序，从下而上，从左而右

◆ 吴冠谛设计

○ 文化砖与木格栅的搭配能体现出典雅自然的空间气质

文化石不是专指某一种石材，而是对一类能够体现独特空间风格饰面石材的统称。文化石本身并不包含任何文化含义，而是利用其原始的色泽纹路，展示出石材的内涵与艺术魅力。装饰本是人与自然的关系，而这种魅力与人们崇尚自然、回归自然的文化理念相吻合，因此被人们统称为文化石或艺术石。与自然石材相比，文化石的重量轻了三分之一，可像铺瓷砖一样来施工，而价格相对要经济实惠很多，只有原石的一半左右。

文化石给人自然、粗犷的感觉，并且外观种类很多，可依家中的风格搭配。一般在乡村风格的室内空间墙面运用文化石最为合适，色调上可选择红色系、黄色系等，在图案上则是以木纹石、乱片石、层岩石等较为普遍。

文化石按外观可分成很多种，如砖石、木纹石、鹅卵石、石材碎片、洞石、层岩石等，只要想得到的石材种类，几乎都有相对应的文化石，甚至还可仿树木年轮的质感。

种类		特点	参考价格（每平方米）
仿砖石		仿砖石的质感和样式可做出色彩不一的效果，是价格最低的文化石，多用于壁炉或主题墙的装饰	约 150~180 元
城堡石		外形仿照古时城堡外墙形态和质感，有方形和不规则形两种类型，多为棕色和灰色两种色彩，而且颜色深浅不一	约 160~200 元
层岩石		仿岩石石片堆积形成的层片感，是很常见的文化石种类，有灰色、棕色、米白色等色彩	约 140~180 元
蘑菇石		因突出的装饰面如同蘑菇而得名，也叫馒头石，主要用于室内外墙面、柱面等立面装饰，显得古朴、厚实	约 220~300 元

文化石的优劣取决于材料的品质和加工工艺。优质的文化石表面，其颜色分布比较均匀，不会含有太多的杂色，同时，颜色也不会出现忽浓忽淡的现象。此外，合格的文化石产品，其边角切割整齐无缺角，用手摸没有粗糙感。而质量差的文化石则可常见污点、裂纹、色线、坑洼等瑕疵。

由于硬度是直接影响文化石使用寿命的重要因素之一，因此在购买时也要注意鉴别。可以采用敲击听声的方法分辨文化石的硬度，如声音清脆，就表明其密度及硬度较高，不易变形或破碎。此外，根据国家标准，只有 A 类石材才能运用在室内装修中。因此，在选购文化石时，还要关注产品的检测报告，并注意其放射性标准数值。

文化石的价格多以箱为单位，进口材料约是国产价格的 2 倍，但色彩及外观的质感较好。市场上，文化石价格每平方米约 180~300 元。

○ 文化石堆砌出凹凸层次的墙面，显露原始粗犷质感

◆ 世纪方圆设计

○ 文化石与水洗白家具的搭配十分和谐

装饰技法

　　在制作文化石背景墙时，要先设计好背景墙的样式，并估算文化石的铺贴方向。施工前，务必确认墙体的含水量是否适合施工，如果墙体太干燥，文化石会直接从砂浆和灰缝材料中吸水，导致施工强度不足，从而引发文化石掉落的现象。因此，在施工前墙体以及文化石都要先进行一定的湿润处理，并且尽量采用粘贴剂进行铺贴。

　　文化石背景墙在铺贴前，应先在地面摆设出预期的造型，调整整体的均衡性和美观性。例如小块的石头要放在大块的石头旁边，每块石材之间颜色搭配要均衡等。如有需要，还可以提前将文化石切割成所需要的样式，以达到完美的装饰效果。

文化石

20mm1：3水泥砂浆粉刷

钢丝网片绑扎与钢筋网上

φ4钢筋200×200网片与φ6插筋锚接

保温层

φ6钢筋1000×1000纵横网点锚入墙内

原墙体结构

○ 文化石施工剖面图

○ 文化石背景墙在铺贴前，应先在地面摆设一下预期的造型

基层为毛坯或水泥墙面

直接用专用粘贴剂贴砖，根据文化石的颜色采用不同颜色的粘贴剂和勾缝剂，白砖用灰白色，红砖用灰白色或黑色。

基层为木板、石膏板等墙面

施工前须把光滑的表面刮花80%，然后用大理石胶或者热熔胶粘贴，建议两种胶配合贴，大理石胶涂中间，热熔胶涂四角。

大理石是地壳中经过质变形成的石灰岩，其主要成分为碳酸钙，具有使用寿命长、不磁化、不变形、硬度高等优点。早期以我国云南大理地区的大理石质量最好，由此而得名。大理石的品种命名原则不一，有的以产地和颜色命名，如丹东绿、铁岭红等；有的以花纹和颜色命名，如啡网纹、黑金花；有的以花纹形象命名，如秋景、海浪；有的则延续了传统的名称，如汉白玉、晶墨玉等。在大理石的品质等级上，可根据规格尺寸允许的偏差、平面度和角度允许的公差以及外观质量、表面光洁度等指标，将其分为 A 类、B 类、C 类、D 类四个等级。

◆ 成都亜戎空间设计

◆ 清沏

大理石根据其表面颜色的不同，大致可分为白色系大理石（雅士白大理石、爵士白大理石、大花白大理石、雪花白大理石）、米色系大理石（阿曼米黄大理石、金线米黄大理石、西班牙米黄大理石）、灰色系大理石（帕斯高灰大理石、法国木纹灰大理石、云多拉灰大理石）、黄色系大理石（雨林棕大理石、热带雨林大理石）、绿色系大理石（大花绿大理石、雨林绿大理石）、红色系大理石（橙皮红大理石、铁锈红大理石、圣罗兰大理石）、咖啡色大理石（浅啡网纹大理石、深啡网纹大理石）、黑色系大理石（黑白根大理石、黑木纹大理石、黑晶玉大理石、黑金沙大理石）等8个系列。

种类		特点	参考价格（每平方米）
爵士白大理石		颜色具有纯净的质感，带有独特的山水纹路，有着良好的加工性和装饰性能	约200~350元
黑白根大理石		黑色质地的大理石带着白色的纹路，光泽度好，经久耐用，不易磨损	约180~320元
啡网纹大理石		分为深色、浅色、金色等几种，纹理强烈，具有复古感，价格相对较贵	约280~360元
紫罗红大理石		底色为紫红，夹杂着纯白、翠绿的线条，形似传统国画中的梅枝招展，显得高雅大方	约400~600元
大花绿大理石		表面呈深绿色，带有白色条纹，特点是组织细密、坚实、耐风化、色彩鲜明	约300~450元
黑金花大理石		深啡色底带有金色花朵，有较高的抗压强度和良好的物理性能，易加工	约200~430元
金线米黄大理石		底色为米黄色，带有自然的金线纹路，如作为地面材料时间久了容易变色，因此通常作为墙面装饰材料	约140~300元
莎安娜米黄大理石		底色为米黄色，带有白花，不含有辐射且色泽艳丽、色彩丰富，被广泛用于室内墙面、地面的装饰	约280~420元

天然大理石具有独特的自然纹理与天然美感，并且表面很光亮，而人造大理石表面虽然也比较光滑，但达不到像天然大理石光亮照人的程度。不管是人造大理石还是天然大理石，如果在背面能看到细小的毛孔，就说明其质量较差。还可以在大理石表面滴几滴墨水，如果很快有渗透现象发生，就说明其质地较为疏松，如有这样的情况最好不要选购。此外，在选购大理石产品时，还应检查是否有 ISO 质量认证、质检报告，以及有无产品质保卡和相关防伪标志。同时，还要注意售后服务，索要并保存好各类凭证，以保护自身权益不受侵害。

- Point

3

装饰技法

大理石上墙一般有两种施工方式，一种是湿铺，利用水泥砂浆或者黏结剂以及胶水，直接将大理石铺设在墙面上。另一种是采用干挂的形式铺设大理石。第一种方式操作相对比较简单，费用也相对较低，但容易发生空鼓的现象。第二种操作方式比较复杂，费用较高，但是后期不容易出现问题。如选用不锈钢挂件配合干挂胶进行固定的方式，石材必须要达到 30mm 以上才可以干挂。此外，由于大理石很脆弱，因此在施工时要避免硬物磕碰，以免出现凹坑影响美观。

人造大理石的表面一般都进行过封釉处理，所以平时不需要太多的保养，表面抗氧化的时间也很长。此外，人造大理石的花纹大多数都是相同的，所以在施工时，可采取抽缝铺贴的方式。

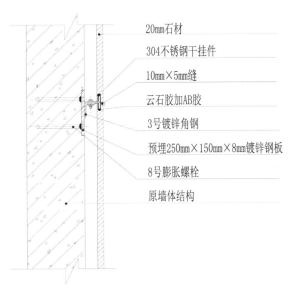

20mm石材
304不锈钢干挂件
10mm×5mm缝
云石胶加AB胶
3号镀锌角钢
预埋250mm×150mm×8mm镀锌钢板
8号膨胀螺栓
原墙体结构

○ 大理石施工剖面图

○ 大理石倒边工艺后的效果

○ 天然大理石的纹理宛如一幅浑然天成的水墨山水画

◆ 李益中空间设计

◆ 程昕设计

微晶石是在高温作用下，经过特殊加工烧制而成的石材。具有天然石材无法比拟的优势，如内部结构均匀、抗压性好、耐磨损、不易出现细小裂纹等。此外，微晶石质地细腻，光泽度好，除了具有玉石般的质感之外，还拥有丰富的色彩，其中以水晶白、米黄、浅灰、白麻四个色系最为流行。由于微晶石在生产过程中使用了玻璃基质，因此其表层具有晶莹剔透的效果。

微晶石的优点虽多，但同样会存在一些不足的地方。如微晶石的强度不是很高，表面的莫氏硬度相比抛光砖低一到两级。并且由于微晶石表层具有很高的光泽效果，因此一旦被硬物划伤，很容易出现划痕，从而影响整体的装饰效果。

材料类型

根据原材料及制作工艺的不同，可以把微晶石分为通体微晶石、无孔微晶石以及复合微晶石三类。

通体微晶石		通体微晶石又叫微晶玻璃，是以天然无机材料，采用特定的工艺经高温烧结而成，是一种新型的高档装饰材料。具有不吸水、不腐蚀、不氧化、不褪色、无色差、强度高、光泽度高等特点
无孔微晶石		无孔微晶石是采用最新高科技技术以及最先进的生产工艺制成的新型绿色环保产品。其多项理化指标均优于普通微晶石、天然石，也被称为人造汉白玉。无孔微晶石无气孔、不吸污，而且还具有色泽纯正、不变色、硬度高、耐酸碱、耐磨损等特性
复合微晶石		复合微晶石是将微晶玻璃复合在陶瓷玻化砖表面，再经二次烧结而成的高科技新产品，也称微晶玻璃陶瓷复合板。其厚度在 13~18mm 左右，光泽度一般大于 95。复合微晶石有着色泽自然、晶莹通透、永不褪色、结构致密、晶体均匀、纹理清晰等特点，并且具有玉质般的感觉

选购常识

在购买微晶石前，要先确定好室内的整体装饰风格，然后选择相对应的微晶石。此外，建议选择口碑较好的微晶石品牌，因为一线二线品牌的产品，在质量上和生产监管上都比较严格。

在选购瓷砖的时候，通常都会使用听声音、眼观以及拎起来在手上掂量一下分量，通过侧面看其密度等多种方法来鉴别瓷砖的好坏，这些方法同样适用于微晶石的质量鉴别。此外，还要注意观察微晶石表面的纹理是否清晰，渐变是否自然，层次是否分明等，也可以通过轻划微晶石来鉴别其耐磨度。由于微晶石属于环保产品，因此，在选购时要注意了解该企业的环境标志认证以及环保产品的检测报告文件等。

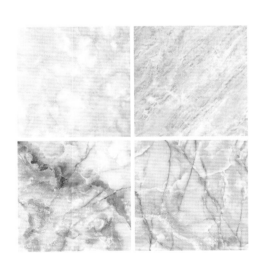

装饰技法

微晶石的图案、风格非常丰富，施工时其型号、色号和批次等要一致。铺贴造型一般以简约的横竖对缝法即可，建议绘制分割图纸以及现场预演铺贴一下，以找到最合适的铺贴方案。

因无孔微晶石的硬度、致密度较高且较重，在搬运、摆放时都要小心轻放，底下要垫松软物料或用木条支撑，不能直接放在地面，更不能让边角接触地面进行移动。同时，无孔微晶石的安装有别于传统镶贴施工方法，因此最好选择专业的施工队伍负责施工。

此外，由于微晶石瓷砖比较重，如果是大尺寸的规格，使用一般方法铺贴上墙，容易发生脱落。因此，建议调制混合胶浆（如使用 AB 胶 + 玻璃胶／云石胶混合）进行铺贴。这种混合胶不仅有很强的吸附力，同时有一定的时间可以做粘贴调整。需要注意的是，调好的胶浆应在 4 小时内用完。

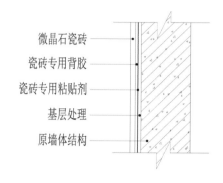

微晶石瓷砖
瓷砖专用背胶
瓷砖专用粘贴剂
基层处理
原墙体结构

○ 微晶石施工剖面图

○ 微晶石与金属材质的组合是表现空间轻奢气质的主要装饰元素之一

乳胶漆是以合成树脂乳液为基料，通过研磨并加入各种助剂精制而成的涂料，也叫乳胶涂料。

乳胶漆有着传统墙面涂料所不具备的优点，如易于涂刷、覆遮性高、干燥迅速、漆膜耐水、易清洗等。此外乳胶漆还具有品种多样、适用面广、对环境污染小以及装饰效果好等特点。因此是目前室内装修中使用最为广泛的墙面装饰材料之一。

材料类型

乳胶漆根据使用环境不同，可分为内墙乳胶漆和外墙乳胶漆；根据装饰的光泽效果可分为无光、亚光、丝光和亮光等类型；根据产品特性的不同，可分为水溶性内墙乳胶漆、水溶性涂料、通用型乳胶漆、抗污乳胶漆、抗菌乳胶漆、叔碳漆、无码漆等。

○ 丝光漆

○ 亚光漆

○ 乳胶漆的装饰作用来自它的耐水性能和保色性能

选购常识

很多人以为色卡上涂料的颜色会和刷上墙后的颜色完全一致，其实这是一个误区。由于光线反射以及漫反射等原因，房间四面墙都涂上漆后，墙面颜色看起来会比色卡上略深。因此在色卡上选色时，建议挑选浅一号的颜色，以达到预期的效果。如果喜欢深色墙面，可以与所选色卡颜色调成一致。

选购乳胶漆时应先看涂料有无沉降、结块等现象。品质好的乳胶漆在放置一段时间后，其表面会形成厚厚的、有弹性的氧化膜，而且不易裂。而次品只会形成一层很薄的膜，不仅易碎，而且会有刺鼻的气味。此外，在开桶之后可以搅拌一下观察乳胶漆是不是均匀，有没有沉淀或者硬块。或者要求店家在样板墙上试刷，好的乳胶漆抹上去细腻、顺滑，而且遮盖力强，而质量不达标的乳胶漆不仅会有颗粒感，而且黏稠度也较差。有的厂商为了吸引顾客，会在产品的包装上大做文章，故意夸大产品性能功效。

因此在购买乳胶漆时，除了要看产品的包装，还应查看产品的详细检测单。

还可以根据房间的不同功能选择相应特点的乳胶漆。如挑高区域及不利于翻新的区域，建议使用不易发黄的优质乳胶漆产品；卫浴间、地下室最好选择耐真菌性较好的乳胶漆；而厨房、浴室可以选用防水涂料。此外，选择具有一定弹性的乳胶漆，有利于覆盖裂纹，起到保护墙面的装饰效果。

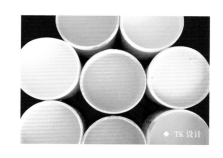

◆ TK 设计

○ 购买乳胶漆时应多算一点量，防止不够用，因为再次调色可能会出现色差

○ 选择乳胶漆应选择比色卡浅一号的色号，才能达到预期效果

涂刷乳胶漆前，首先要对墙面进行打底的基础处理。如果墙面有凹凸的地方，要将其抹平；如果墙面上有污渍、灰层积压，应第一时间清理干净；如墙上有一些早期留下的钉眼，可用腻子抹平。清洁完毕之后，须等墙面干燥后再进行施工。

其次，按照一定的比例用清水兑乳胶漆，水的比例在20~30%。如果水太多，乳胶漆的黏稠性就会不好，无法成膜。用木棍将水和乳胶漆搅拌均匀后，放置20分钟左右，如果不等消泡就刷墙，墙面上会出现小气泡。乳胶漆备好之后，可以将施工工具湿润一下，尤其是毛刷，让其保持合适的软度。滚筒也可以事先湿润一下，这样比较好蘸漆。

如果是自己刷乳胶漆的话，推荐采用一底两面的刷漆方式。先刷底漆，以增强墙面的吸附力，之后再上漆，效果会更好。在施工时，如果觉得墙面还是不够细腻，仍然有一些小颗粒的话，可以用600#的水砂清理一下墙面。第一遍乳胶漆刷完之后，隔2~4小时再刷一次，之后也是这样循环。如果不看时间的话，可

以用手指去压一下，如没有黏稠感，就可以再次上漆了。

TK 设计

○ 乳胶漆不宜选颜色太深或太艳的，否则需要多次涂刷才能有比较均匀的效果

　　硅藻泥是一种以硅藻土为主要原材料的内墙装饰涂料，其主要成分为蛋白石，质地轻柔、多孔，本身纯天然，没有任何的污染以及添加剂。硅藻泥具有极强的物理吸附性和离子交换功能，不仅能吸附空气中的有害气体，而且还能调节空气中的湿度，因此被称为会呼吸的环保型材料。硅藻泥的颜色稳定，持久不褪色，可以使墙面长期如新。不仅如此，还具有很好的装饰性能，是替代墙纸和乳胶漆的新一代室内装饰材料。在运用硅藻泥时，不建议塑造凹凸纹理较大的装饰花纹，以免出现积灰的现象。

◆ 黄果设计

硅藻泥按照涂层表面的装饰效果和工艺，可分为质感型硅藻泥、肌理型硅藻泥、艺术型硅藻泥和印花型硅藻泥等。质感型硅藻泥采用添加一定级配的粗骨料，抹平形成较为粗糙的质感表面；肌理型硅藻泥是用特殊的工具制作成一定的肌理图案，如布纹、祥云等；艺术型硅藻泥是用细质硅藻泥找平基底，制作出图案、文字、花草等模板，在基底上用不同颜色的细质硅藻泥做出图案；印花型硅藻泥是指在做好基底的基础上，采用丝网印出各种图案和花色。硅藻泥的设计纹样通常有如意、祥云、水波、拟丝、土伦、布艺、弹涂、陶艺等。

○ 如意　　　　　　　○ 祥云　　　　　　　○ 水波　　　　　　　○ 拟丝

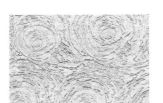   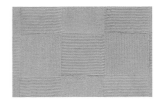

○ 土伦　　　　　　　○ 布艺　　　　　　　○ 弹涂　　　　　　　○ 陶艺

在购买硅藻泥时，可用手去摸样板，看是否有松木般的柔和感。劣质硅藻泥手感比较坚硬，有类似于砂岩的感觉。此外，品质好的硅藻泥墙面，色彩柔和、均匀、不返白、无色差，而劣质硅藻泥做出来的墙面往往色彩浓艳，而且存在重金属超标、容易花色等问题。此外，由于硅藻泥具有很强的物理吸附性和离子交换功能，因此可以吸收大量的水分。而劣质硅藻泥中的硅藻土含量低，其孔隙堵塞，因此容易发生翻皮脱落等现象。

一般正规厂家的合格硅藻泥产品，都具有国家建材主管部门颁发的专利证书或国家权威部门出具的检测报告。

○ 品质好的硅藻泥装饰的墙面显得色彩柔和

○ 弹涂纹理的硅藻泥墙面富有质感

– Point
3
装饰技法

　　硅藻泥需要现场批嵌打磨好之后方可施工，施工前应先将墙面的灰尘、浆粒清理干净，用石膏将墙面磕碰处及坑洼缝隙等找平。对于硅钙板墙面，要先将硅钙板的接缝处进行嵌缝处理。施工时，要先把硅藻泥的干粉加水进行搅拌，再先后两次在墙面上进行涂抹，加水搅拌后的硅藻泥最好当天使用完毕。待涂抹完成后，用抹刀收光，最后用工具制作肌理图案。图案的制作时间一般较长，而且部分图案在完成后需再次收光，以确保图案纹路的质感。

○ 自然环保的硅藻泥与带有天然节疤的原木装饰墙面，让空间回归自然简洁

硅藻泥分液批涂料和紧批涂料两种，液批涂料与一般的水性漆相同。硅藻泥施工后需要一天的时间才会干燥，因此有充分的时间来制作不同的造型。具体造型可向商家咨询，并购买相应的工具。紧批的硅藻泥有黏性，适合做不同的造型，但是施工难度较高，需专业人员来进行。

护墙板主要由墙板、装饰柱、顶角线、踢脚线、腰线几部分组成，具有质轻、耐磨、抗冲击、降噪、施工简单、维护保养方便等优点。而且其装饰效果极为突出，常运用于欧式风格、美式风格等室内空间。在欧洲有着数百年历史的古堡及皇宫中，护墙板随处可见，是高档装修的必选材料。

根据尺寸与造型，护墙板可分为整墙板、墙裙、中空墙板。护墙板的颜色可根据空间的装饰风格来定，其中以白色和褐色运用居多，也可以根据个性需求进行颜色定制。随着时代的发展以及制作工艺的进步，护墙板的设计越来越精美丰富，并且在室内装修中的运用也越来越广泛。

○ 中空墙板

○ 墙裙

○ 整墙板

第十三节

护墙板

Whole

House

Wall

Decoration

材料类型

用于制作护墙板的材质有很多种，其中以实木、密度板以及石材最为常见。此外还有采用新型材料制作而成的集成墙板。实木护墙板是近年来使用较多的墙面装饰材料。具有安装方便、可重复利用、不变形、寿命长等优点。实木护墙板的材质选取不同于一般的实木复合板材，常用的板材有美国红橡、樱桃木、花梨木、胡桃木、橡胶木等。由于这些板材往往是从整块木头上直接切割而来，因此质感非常厚重，自然的木质纹路也显得精美耐看。

密度板是以木质纤维或其他植物纤维为原料，在加热加压条件下制作而成的板材。由于其结构均匀、材质细密、性能稳定，而且耐冲击、易加工，因此是非常适合作为室内护墙板的材质。此外，由于密度板耐潮性较差，因此需要慎重考虑其使用位置，而且要注意保持其干爽和清洁。

○ 实木护墙板

○ 密度板护墙板

○ 集成护墙板

石材护墙板一般适合运用在追求豪华大气的室内墙面。大面积色彩明快的大理石，搭配着原始石材的清晰花纹，不仅时尚大气，而且还能让室内的视野更加宽阔。

集成护墙板是一种新型的墙面装饰材料，相对于其他护墙板来说，集成护墙板的作用更倾向于装饰性。其表面不仅拥有墙纸、涂料所拥有的色彩和图案，还具有极为强烈的立体感，因此装饰效果也十分出众。

○ 石材护墙板

在选购护墙板时，可以从内外两个方面来鉴定其质量。内在质量主要检测其板材的截面，硬度及基材与饰面黏结的牢固程度。质量好的护墙板产品，其表面饰材由于硬度高，因此用小刀等刮划表面，不会出现明显的痕迹。对护墙板的外观质量主要检测其仿真程度。品质好的护墙板，其表面图案制作逼真、加工规格统一、拼接自如，因此在装饰效果上也更为突出。如果选购的是拼装组合的护墙板，应看其钻孔处是否精致、整齐，连接件安装后是否牢固，并用手推动观察是否有松动的现象。

护墙板可分为成品和现场制作两种，室内装饰使用的护墙板一般以成品居多，价格每平方米在 200 元以上，价格较低的护墙板建议不要使用。成品护墙板是在无尘房做油漆的，在安装时可能会有表面漆面破损，如果后期再进行补救的话，可能会有色差。现场制作的护墙板虽然容易修补，但在漆面的质感上却很难做到和成品护墙板一样。

○ 质量好的成品护墙板表面饰材硬度高、抗冲击、耐磨损，用小刀刮划表面无明显伤痕

○ 护墙板通常和室内家具形成同色系的搭配，易取得整体和谐的视觉效果

3
装饰技法

护墙板可以做到顶,也可以做半高的形式。半高的高度应根据整个空间的层高比例来决定,一般在1~1.2m。如果觉得整面墙满铺护墙板显得压抑,还可以采用实木边框,中间用素色墙纸做装饰,既美观又节省成本。同样,用乳胶漆、镜面、硅藻泥等材质都能达到很好的装饰效果。

很多木质的护墙板都是成品的,但是在厂方过来安装之前,要在墙面上用木工板或九厘板做好造型基层,然后再把定制的护墙板安装上去,这样不仅能保证墙面的平整性,还可以让室内空间的联系显得更为紧密。

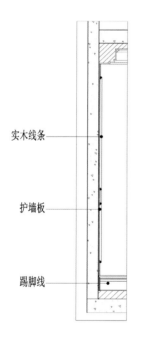

实木线条

护墙板

踢脚线

○ 护墙板施工剖面图

○ 实木边框与墙纸结合的简欧风格护墙板

带有造型的护墙板在施工时要特别注意,一般在做完木工板基层处理后,要预留出踢脚线的高度,安装完护墙板后再把踢脚线直接贴在上面。同时门套要选择带凹凸的厚线条,门套线要略高于护墙板和踢脚线,这样的层次和收口会更完美一些。

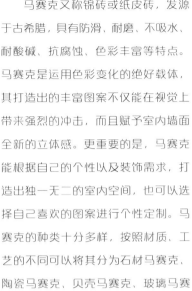

马赛克又称锦砖或纸皮砖，发源于古希腊，具有防滑、耐磨、不吸水、耐酸碱、抗腐蚀、色彩丰富等特点。马赛克是运用色彩变化的绝好载体，其打造出的丰富图案不仅能在视觉上带来强烈的冲击，而且赋予室内墙面全新的立体感。更重要的是，马赛克能根据自己的个性以及装饰需求，打造出独一无二的室内空间，也可以选择自己喜欢的图案进行个性定制。马赛克的种类十分多样，按照材质、工艺的不同可以将其分为石材马赛克、陶瓷马赛克、贝壳马赛克、玻璃马赛克等不同的种类。

第十四节

马赛克

Whole
House
Wall
Decoration

材料类型

石材马赛克		石材马赛克是将天然石材开介、切割、打磨后手工粘贴而成的马赛克，是最古老和传统的马赛克种类。石材马赛克具有天然的质感，优美的纹理，能为室内空间带来自然、古朴、高雅的装饰效果。根据处理工艺不同，石材马赛克有亚光面和亮光面两种表面形态，在规格上有方形、条形、圆角形、圆形和不规则平面等种类
陶瓷马赛克		陶瓷马赛克是以陶瓷为材质制作而成的瓷砖。由于其防滑性能优良，因此常用于室内卫浴间、阳台、餐厅等墙面的装修。此外，有些陶瓷马赛克会将其表面打磨成不规则边，制作出岁月侵蚀的模样，塑造历史感和自然感。这类马赛克既保留了陶的质朴厚重，又不乏瓷的细腻润泽
贝壳马赛克		贝壳马赛克原材料来源于深海或者人工养殖的贝壳，市面上常见的一般为人工养殖贝壳做成的马赛克。贝壳马赛克选自贝壳色泽最好的部位，在灯光的照射下，能展现出高品质的装饰效果。此外，贝壳马赛克没有辐射污染，并且装修后不会散发异味，因此是装饰室内墙面的理想材料
玻璃马赛克		玻璃马赛克又叫作玻璃锦砖或玻璃纸皮砖，是一种小规格的彩色饰面玻璃。玻璃马赛克一般由天然矿物质和玻璃粉制成，十分环保。而且还具有耐酸碱、耐腐蚀、不褪色等特点，非常适合运用在卫浴间的墙面上。玻璃马赛克的常见规格主要有 20mm×20mm、30mm×30mm、40mm×40mm，其厚度一般在 4~6mm 之间
树脂马赛克		树脂马赛克是一种新型环保的装饰材料，在模仿木纹、金属、布纹、墙纸、皮纹等方面都可达到以假乱真的效果。此外，在形状上凹凸有致，能将图案丰富地表现出来，能够达到其他材料难以表现的艺术效果
金属马赛克		金属马赛克是由不同金属材料制成的特殊马赛克，有光面和亚光面两种。按材质不同，又可分为不锈钢马赛克、铝塑板马赛克、铝合金马赛克等。金属马赛克单粒的规格有 20mm×20mm、25mm×25mm、30mm×30mm 等，其厚度、颜色、板材、样式等都可根据需要进行变换

马赛克根据材质不同，价格差别也非常大。普通的如玻璃、陶瓷马赛克的价格在每平方米几十元不等。同样的材质根据纹理、图形设计的差别，其价格也有高低差异。而一些高端材质如石材、贝壳等材料的价格高达每平方米几百元至上千元不等。

在购买马赛克时，要选釉面均匀、平整光洁的产品。由于马赛克瓷砖表面的纹理图案以及颜色等组合丰富多样，因此在确定了马赛克瓷砖的质量后，还应观察其表面的颜色是否一致，纹理图案是否清晰，以及有无图案断线等情况发生。低吸水率是保证马赛克持久耐用的重要因素之一，因此在选购时，要对马赛克的吸水率进行着重检验。可以把水滴到马赛克的背面，如果水滴往外溢，说明其品质较好，如往砖体内渗透，则说明吸水率过高，品质较差。

○ 黑白色混铺的马赛克富有视觉冲击感

○ 几何纹样的马赛克拼花造型

图案搭配

如果追求空间个性及装饰特色，可以尝试将马赛克进行多色混合拼贴，或者拼出自己喜爱的背景图案，让空间充满时尚现代的气息。如果选择了大面积拼花的马赛克图案作为造型，那么在家具的搭配上要尽量简洁明快，以防止视觉上的混乱。其次，如果将马赛克作为墙面的局部装饰，还要注意跟墙面上的其他材质形成和谐过渡，让室内空间显得更加完整统一。

○ 卫浴间中的马赛克拼花主题墙

空间面积的大小决定着马赛克图案的选择。通常面积较大的空间，宜选择色彩跳跃的大型马赛克拼贴图案，而面积较小的空间则尽可能选择色彩淡雅的马赛克。这样可以避免小空间因出现过多颜色，而导致过于拥挤的视觉感受。

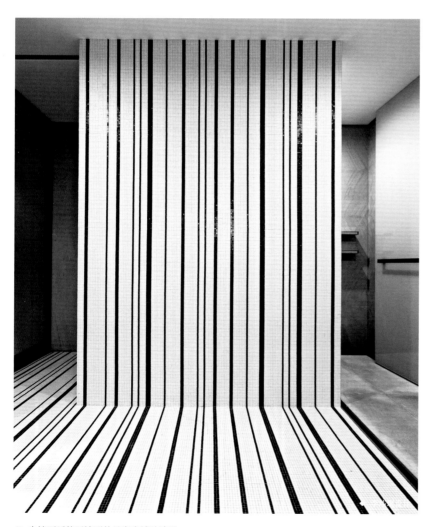

○ 由墙面延伸至地面的马赛克铺贴造型

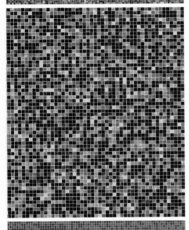

铺贴技巧

在现代风格的室内空间使用马赛克装饰墙面，能起到调动和活跃空间氛围的作用。铺贴马赛克有两种方式，一个是胶粘，具有操作便利的优点。还有用水泥以及黏结剂铺贴，其最大的优点是安装较为牢固，但需要注意选择适当颜色的水泥。

为达到完美的装饰效果，在铺贴马赛克前必须将墙面处理平整，并且要对准直缝进行铺贴，如果线条不直，将严重影响美观。此外，由于马赛克的密度较高，吸水率低，而水泥的黏合效果没有马赛克专用胶粉好，铺贴后无法保证其牢固度，因此马赛克在铺贴的时候最好用专业的黏结剂。马赛克在铺贴后十小时左右，便可以开始进行填缝，填完缝后应用湿润的布擦净残留。注意不能用带有研磨剂的清洁剂、钢线刷或砂纸来清洁，通常用家用普通清洁剂洗去胶或污物即可。

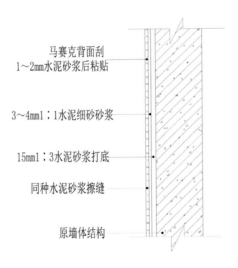

马赛克背面刮
1~2mm水泥砂浆后粘贴

3~4mm1：1水泥细砂砂浆

15mm1：3水泥砂浆打底

同种水泥砂浆擦缝

原墙体结构

○ 马赛克施工剖面图

马赛克的材质分类较多，在铺贴前应和专业厂商沟通，使用合适的黏结剂及填缝剂，以免造成施工质量及美观问题。装饰马赛克时要注意有序铺贴，施工时一般从阳角部位往两边展开，这样便于后期裁切。此外还需注意尺寸问题，因为马赛克本身属于体块小不好切割的材质，因此尽量不要出现小于半块的切割现象。

装饰

线条

装饰线条是指突出或镶嵌在墙体上的线条，可以起到墙面装饰以及增强空间层次感的作用。此外，装饰线条还可以与墙纸、护墙板穿插搭配，强化空间的装饰风格，让整体装饰品质得到极大提升。墙面装饰线条按材质不同，可分为木线条、PU 线条、PVC 线条、金属线条、石材线条、石膏线条等。

◆ 零次方空间设计

◆ 选尚东方设计

木线条		木线条是选用质硬、耐磨、耐腐蚀、切面光滑、黏结性好、钉着力强的木材，经过干燥处理后，用机械加工或手工加工而成的室内装饰材料，常用的木材有白木、栓木、枫木和橡木等。木线条不仅表面光滑、耐磨、耐腐蚀，而且线条上的棱角和棱边、弧面和弧线，既挺直又轮廓分明。此外，还可以将其漆成彩色或保持木纹本色，以及进行对接拼接，弯曲成各种弧度。
PU 线条		PU 线条是指用 PU 合成原料制作的线条，其硬度较高且具有一定的韧性，不易碎裂。相比于 PVC 线条，PU 线条的表面花纹可随模具的精细度做到非常精致、细腻，还具有很强的立体效果。PU 线条一般以白色为基础色，在白色基础上可随意搭配色彩，也可做贴金、描金、水洗白、彩妆、仿古银、古铜等特殊效果。
PVC 线条		PVC 装饰线条由塑料做成，具有轻质、隔热、保温、防潮、阻燃、施工简便等特点。此外在规格、色彩、图案等方面种类繁多，极富装饰性。PVC 线条的表面一般是上乳胶漆或通过转印的方式进行装饰，由于表面几乎没有细孔，所以颜料的附着力非常弱，时间长了容易掉色。
金属线条	 ○ 不锈钢线条　　○ 铝合金线条	室内墙面的装饰线条多以石膏线条、木质线条等常见的装饰线条为主，随着轻奢风格的流行，如今金属线条装饰已逐渐成为新的主流。金属线条主要包括铝合金和不锈钢两种，铝合金线条比较轻，耐腐蚀也耐磨，表面还可以涂上一层坚固透明的电泳漆膜，涂后更加美观。不锈钢线条表面光洁如镜，相对于铝合金线条具有更强的现代感。
石材线条	 ○ 大理石线条　○ 花岗岩线条　○ 砂岩线条	石材线条一般由天然石材制成，其中常见的有花岗岩线条和大理石线条，随着砂岩使用量的增加，砂岩线条的运用也越来越多。石材线条选择的表面加工方式主要是根据其使用的位置而定。在室内或是与人接触多的场所，可以选择镜面、细面花线；而用在室外或是不与人、少与人接触的环境，则可以选择更多的表面加工形式。
石膏线条		石膏线是指将建筑石膏料浆，浇注在底模带有花纹的模框中，经抹平、凝固、脱模、干燥等工序，加工成厚度约为 10mm 左右的装饰线条。石膏线条的表面可设计出各种美观的花纹，因此将其运用在墙面装饰时，简约并富有层次感，能够制造出极为强烈的视觉冲击力。

除了利用线条进行收口之外，用线条装饰框作为墙面装饰也是较为常用的手法。框架的大小可以根据墙面的尺寸按比例均分。线条装饰框的款式有很多种，造型纷繁的复杂款式可以提升整个空间的奢华感，而简约造型的线条框则可以让空间显得更为简单大方。

在铺贴线条前，应对施工墙面进行基层检查。墙面的垂直和平整度，一般不能超过 4mm，对于基面差距过大的部位，须处理平整。此外，墙面的粉尘、污渍等影响黏合的东西须清理干净。墙面基层处理完毕后，应根据墙面的大小测算好线条的铺贴长度，并处理好排版问题，这样可以避免接头过多。如需设置接口，可采用斜 45° 角拼接，其位置应尽量选在视觉死角处或者隐蔽的地方。

如果使用木线条装饰墙面，可搭配的造型也十分丰富，比如将其做成装饰框或按序密排。在墙上安装木线条时，可使用钉装法与黏合法。施工时应注意设计图样尺寸正确无误，以保证安装位置的准确性。

○ 木线条密排

○ 金属线条收口

○ 线条装饰框

手绘墙纸是指绘制在各类不同材质上的绘画墙纸，也可以理解为绘制在墙纸、墙布、金银箔等各类软材质上的大幅装饰画。可作为手绘墙纸的材质主要有真丝、金箔、银箔、草编、竹质、纯纸等。其绘画风格一般可分为工笔、写意、抽象、重彩、水墨等。手绘墙纸颠覆了只能在墙面上绘画的概念，而且更富装饰性，能让室内空间呈现出焕然一新的视觉效果。

材料类型

手绘墙纸按材质可分为真丝手绘墙纸、金箔手绘墙纸、银箔手绘墙纸、PVC手绘墙纸、草编手绘墙纸、竹墙纸手绘墙纸、纯纸手绘墙纸等。

真丝手绘墙纸

丝绸材质表层有轻微的珍珠光泽，由于是天然真丝织物，因此质感较柔和，而且色泽温润雅致，十分适合室内装饰。

○ 真丝手绘墙纸

金箔手绘墙纸

由于纯金打造的金箔手绘墙纸是高端奢华产品，一般需要完全定制，并且造价较高。因此，市场上最常见的是运用由铜箔或合金产品代替的仿金箔手绘墙纸。

银箔手绘墙纸

银箔属于银灰色调，因此纯银箔材质的手绘墙纸，可以和任何色彩搭配协调。同时由于银质的闪光度较高，因此能为室内空间营造雅而不俗的格调。

○ 金箔手绘墙纸

PVC手绘墙纸

PVC手绘墙纸的图案一般是绘制在制作好的素色PVC墙纸上。由于PVC墙纸的表层做过处理，因此一般多用丙烯颜料进行绘制。

草编手绘墙纸

草编手绘墙纸是一种以草本植物为原料，通过传统工艺编制而成的天然植物墙纸。其底材主要采用三叶草、拉菲草和蒲草等纯天然植物。

○ 银箔手绘墙纸

竹墙纸手绘墙纸

竹子具有清新雅致的气质，但由于材质所限，无法绘制出精细的画面，因此其绘画内容一般会选择简约清新的风格。

纯纸手绘墙纸

纯纸手绘墙纸的底材是纯天然纸浆纤维，因此十分绿色环保，而且可绘制的图案也十分丰富多样，是目前使用最为广泛的手绘墙纸之一。

○ 纯纸手绘墙纸

手绘墙纸有多种风格可供选择，如中式手绘墙纸、欧式手绘墙纸和日韩手绘墙纸等。在选择时切记不可喧宾夺主，不宜采用有过多装饰图案或者图案面积很大、色彩过于艳丽的墙纸。选择具有创意图案、风格大方的手绘墙纸，更有利于烘托出静谧舒适的氛围。

中式手绘墙纸多以传统工笔、水墨画的技法进行绘制。其制作需多名手绘工艺美术师，经过选材、染色、上矾、裱装、绘画等数十道工序打造而成，因此价格相对较贵。其价格根据用料及工艺复杂程度的不同略有差异，一般为每平方米 300~1200 元。

○ 花鸟图案的银箔手绘墙纸成为空间的视觉中心

○ 床头墙上的金箔手绘墙纸与黄色床品形成巧妙呼应

- Point
3
装饰技法

　　手绘墙纸在施工时要保证墙体的光滑与清洁，并且在铺贴前 2~3 天要先做基膜底层处理，等基膜干透后方可施工。对于有破损的墙体，要用填料把裂缝和漏洞进行填补。此外，由于手绘墙纸都是量身定制产品，因此在铺贴前还要先确定墙面尺寸和手绘墙纸的尺寸是否吻合。一般情况下，手绘墙纸的高度会比实际尺寸多出 10cm 左右，宽度则会多出 10~20cm，这样做可以避免墙体不直造成画面不垂直。

　　施工时，可以把手绘墙纸反着放在平整干净的地方，用气压喷壶均匀地喷上水，保持反面的潮湿和平整。或者用海绵软毛巾蘸水擦拭墙纸的背面，待其受潮卷起后，再把混合好的墙纸胶用滚筒均匀地涂在墙面上。然后将墙纸沿垂线固定，用棕刷或滚筒从上至下或从左至右，仔细并缓慢地将其粘贴在墙体上。贴好后用棕刷隔着白纸用力刷紧墙纸，也可以用干净的滚筒用力压平，让墙纸保持更强的黏结度。

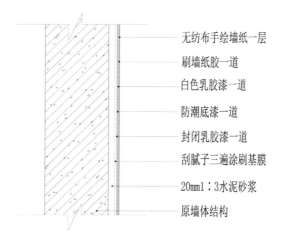

　　无纺布手绘墙纸一层
　　刷墙纸胶一道
　　白色乳胶漆一道
　　防潮底漆一道
　　封闭乳胶漆一道
　　刮腻子三遍涂刷基膜
　　20mm1∶3水泥砂浆
　　原墙体结构

○ 手绘墙纸施工剖面图

木饰面板是将木材切成一定厚度的薄片，黏附于胶合板表面，然后经过热压处理而成的墙面装饰材料。常见的木饰面板可分为人造木饰面板和天然木饰面板，人造木饰面板纹理通直且图案有规则，而天然木饰面板纹理图案自然、无规则，且变异性比较大。此外，天然木饰面板不仅不易变形，抗冲击性好，而且结构细腻、纹理清晰，因此其装饰效果往往要高于人工木饰面板。

种类		特点	参考价格（每张）
枫木		色泽白皙光亮,图形变化万千,分直纹、山纹、球纹、树榴等，花纹呈明显的水波纹或细条纹。	约280~360元
橡木		具有鲜明的直纹或山形木纹，并且触摸表面有着良好的质感，使人倍觉亲近大自然。	约100~500元
柚木		柚木饰面板色泽金黄，纹理线条优美。其涨缩率是木材中最小的，种类包括柚木、泰柚两种。	约120~280元
黑檀		黑檀木饰面板呈现黑褐色，表面变幻莫测的黑色花纹犹如名山大川、行云流水，具有很高的观赏价值。	约120~180元
胡桃木		常见的有红胡桃木、黑胡桃木等。表面为浅棕到深巧克力的渐变色，色泽优雅，纹理为精巧别致的大山纹。	约110~180元
樱桃木		樱桃木饰面板木质细腻，颜色呈自然棕红色，装饰效果稳重典雅又不失温暖热烈，因此被称为"富贵木"。	约80~300元
水曲柳		水曲柳饰面板是室内装饰中最为常用的，分为水曲柳山纹和水曲柳直纹两种。表面呈黄白色，纹理直而较粗，耐磨抗冲击性好。	约70~280元
沙比利		沙比利饰面板色泽呈红褐色，木质纹理粗犷，制成直纹后，纹理有闪光感和立体感。按花纹可分为直纹沙比利、花纹沙比利、球形沙比利。	约70~400元

购买木饰面板时，可以根据板面纹理的清晰度以及色泽来区分其品质的好坏。如果表面的色泽不协调，或者出现损边以及变色、发黑的情况，则说明产品质量不合格，须谨慎购买。其次，还要看板材是否翘曲变形，能否垂直竖立自然平放，如果发生翘曲或者板质松软不挺拔、无法竖立等现象则说明是劣质产品。此外，还要注意观察木饰面板的表面色彩，优质的饰面板，切片色泽新鲜、均匀，而且具有木材特有的光泽，不会出现色差等现象。

木饰面板的运用既能为室内空间增添自然温润的氛围，又体现出了室内设计内敛含蓄的气质。此外，由于其本身有多种木纹理和颜色，还有亚光、半亚光和高光之分，因此，在室内墙面铺贴木饰面板，装饰效果十分丰富。需要注意的是，在铺贴木饰面板时，应提前考虑到室内后期软装饰的颜色、材质等因素，综合比较后再进行施工。

◆ 中南联合设计

○ 木饰面板表面纹理的清晰度与色泽是区分其品质好坏的重要因素

◆ 龙徽设计

○ 木饰面板拼花造型

在用木饰面板装饰墙面时，为防止其变形，应先用木工板或者九厘板做好基层，同时表面的处理应尽量精细，不要有明显的钉眼。木饰面板上墙时要考虑纹理方向一致，最好是竖向铺贴，这样涂刷油漆后不会出现很大的色差，同时可以让整个块面看起来纵深感十足。如果是清漆罩面，则可以通过调色剂来改变颜色。此外，也可以选择使用成品的木饰面板，以避免在现场刷油漆而造成异味。

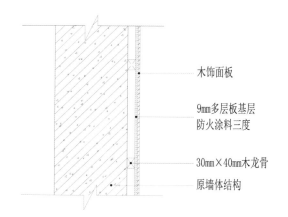

木饰面板

9mm多层板基层
防火涂料三度

30mm×40mm木龙骨

原墙体结构

○ 木饰面板施工剖面图

○ 保持木饰面板纹理方向一致的同时，最好采用竖向铺贴的方式

如在墙面使用有纹理的木饰面板做显纹漆，要避免使用亮光漆，推荐使用纯亚光漆。因为亮光漆在不同的角度看，会产生不同的反光，容易造成视觉错乱。如果用水曲柳面板，建议最好不要使用亮光漆，更不要使用半亚光漆或者亚光漆。

第四章

全屋墙面
装饰材料工艺解析

- Point

1
大理石结合镜面的装饰工艺

大理石与灰镜在安装前建议使用12mm厚的多层板打底，以保证平整度。然后采用大理石胶与硅胶进行安装。此外，由于石材的厚度大于灰镜，因此石材的侧面须采用磨边工艺处理。

电视背景墙通过米黄色大理石线框结合围边的形式，不仅富有装饰性，而且更好地提升了空间品质。线框围边的侧面采用涂料与石材两种材质结合，显得层次感十足。

在挑选大理石做装饰背景时，最好找相邻的板材。因为石材具有天然的纹理，相邻的两张大理石板材其纹理相似度最高，装饰效果更佳。

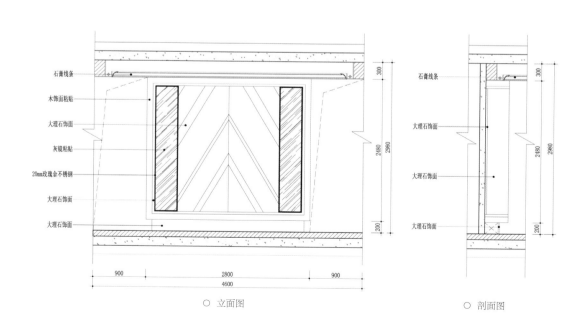

石膏线条
木饰面粘贴
大理石饰面
灰镜粘贴
20mm玫瑰金不锈钢
大理石饰面
大理石饰面

300
2480
2960
200

900   2800   900
4600

石膏线条
大理石饰面
大理石饰面
大理石饰面

300
2480
2960
200

○ 立面图   ○ 剖面图

大理石结合软包的装饰工艺

玄关背景墙采用散发性纹理的天然石材，与圆弧形软包进行组合，给人一种视觉冲击感。由于软包凸出于石材面，所以采用玫瑰金不锈钢线条进行收口。卡在两者之间的不锈钢收口线条不宜过宽，建议将其宽度控制在 20~30mm 较好。

制作圆弧形软包须采用专用型材做基础造型，再用 PVC 薄片在两根型材中做出圆弧的高度，以确保圆弧造型的效果。基于制作工艺的实际需求，建议将圆弧形软包的条状宽度控制在 100~150mm 之间。

很多情况下，玄关背景墙是一面独立的墙体，所以需要在墙面上设计收口边线。本案采用大理石线条对两侧的软包进行收口，根据背景的比例，线条的宽度建议在 120~150mm 为宜。

◆ 曹睿设计

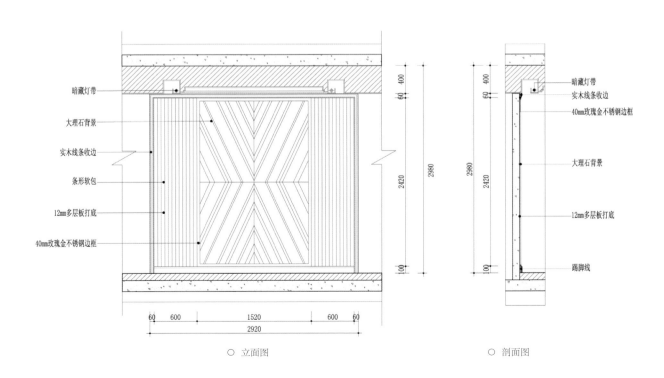

暗藏灯带
大理石背景
实木线条收边
条形软包
12mm多层板打底
40mm玫瑰金不锈钢边框

暗藏灯带
实木线条收边
40mm玫瑰金不锈钢边框
大理石背景
12mm多层板打底
踢脚线

○ 立面图　　　　　　　　　　　　　○ 剖面图

挑高墙面铺贴大理石的装饰工艺

圆弧形大理石线条须采用多段大理石拼接，经打磨加工完成。在定制圆弧线条时，应先确定两侧立柱之间的弧长距离，然后根据其弧度的大小比例进行加工，线条的宽度建议控制在 180~300mm 之间。

挑高的电视背景墙，采用大理石护墙板结合天然纹理的大理石，营造出高雅的空间气质。由于大理石护墙板须采用分段方式进行拼装，因此其拼缝的衔接尤为重要。一般建议采用素色纹理的大理石作为护墙板，这样在拼接时，即便纹理参差不齐也可以形成较好的过渡。

◆ 青春设计

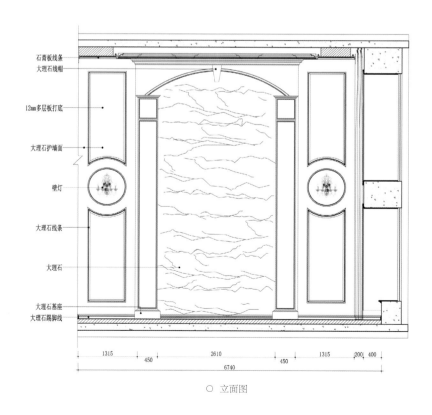

石膏板线条
大理石线帽
12mm多层板打底
大理石护墙面
壁灯
大理石线条
大理石
大理石基座
大理石踢脚线

1315　450　2610　450　1315　200　400
6740

○ 立面图

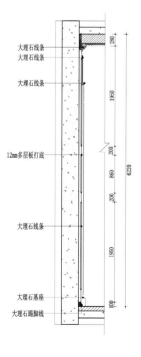

大理石线条
大理石线条
大理石线条
12mm多层板打底
大理石线条
大理石基座
大理石踢脚线

280　1950　200　860　200　1950　100
6220

○ 剖面图

4
中式水墨图案大理石的装饰工艺

每层凸出的墙面之间都设计了灯带，在区分层次的同时，还具有渲染氛围的作用。安装灯带时，须预留出一定的可操作空间。同时，每层之间的落差不能小于50mm。

挑高的客厅背景墙，采用水墨纹理的大理石营造优雅唯美的意境。层层迭起的造型，在灯光的烘托下为空间增加了层次感。这类装饰背景在施工时，应先用多层板打底，然后采用大理石胶进行安装铺贴。此外，挑高的墙面须使用大理石分段拼接，为保证视觉效果，最好挑选纹理相近的大理石进行拼贴。

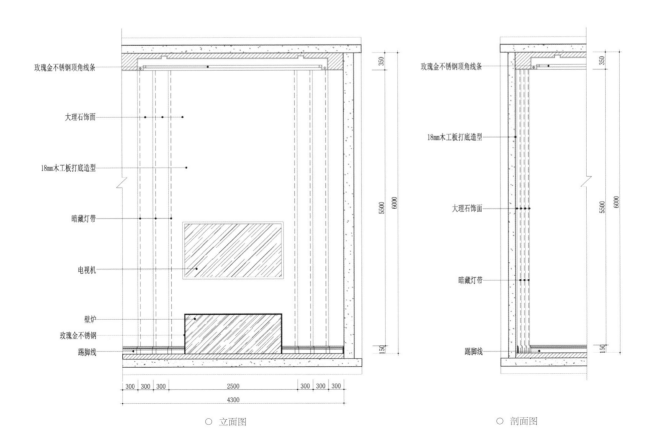

玫瑰金不锈钢顶角线条

大理石饰面

18mm木工板打底造型

暗藏灯带

电视机

壁炉

玫瑰金不锈钢

踢脚线

350

5500

6000

150

300 300 300　2500　300 300 300

4300

○ 立面图

玫瑰金不锈钢顶角线条

18mm木工板打底造型

大理石饰面

暗藏灯带

踢脚线

350

5500

6000

150

○ 剖面图

仿古红砖结合艺术涂料的装饰工艺

沙发背景墙采用仿古红砖与艺术涂料组合，呼应风格主题的同时，更凸显了空间感。在进行填缝时，应尽量选择色彩对比较为强烈的填缝剂或美缝剂。需要注意的是，施工时应采用美纹纸对砖体边缘做保护处理，以免沾上填缝剂或美缝剂。

仿古红砖可采用湿铺和干铺两种方法进行铺贴。湿铺不需要打底，采用黄沙水泥加胶水的方式，直接在原墙面进行铺贴即可；而干铺则需用多层板打底，采用硅胶粘贴的方式进行铺贴。

为保证红砖铺贴的美观性，建议采用先中间后两边的错缝铺贴方式。从中间开始铺贴有助于两侧的对称性，而错缝铺贴可增加视觉上的美观度，使背景墙更显活力。

◆ 青春设计

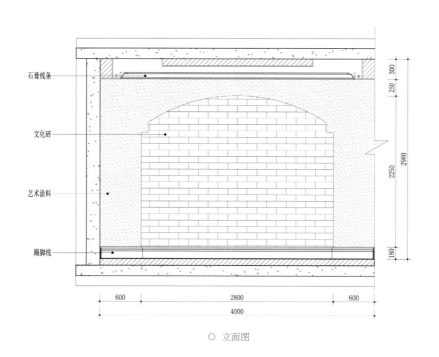

○ 立面图

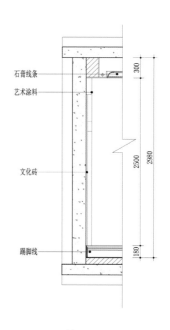

○ 剖面图

1

异形护墙板装饰工艺

如需在墙面使用异形实木线条设计造型，应先在现场放样，确定其比例大小及弧度尺寸，以达到更完美的整体效果。

护墙板采用外凸线条时，与软包之间的收边线条会形成交接面。通常情况下，大线条须比小线条外凸10~20mm。

◆ 曹睿设计

背景采用护墙板与软包结合的形式，护墙板及软包的安装均须用12mm厚的多层板进行打底，以增加护墙板与墙面的吸附力。考虑到软包海绵要比护墙板厚以及让两侧护墙板的线条能够更好地收口，中间的软包部分须采用木龙骨做垫高处理。

第二节

护墙板墙面工艺解析

Whole
House
Wall
Decoration

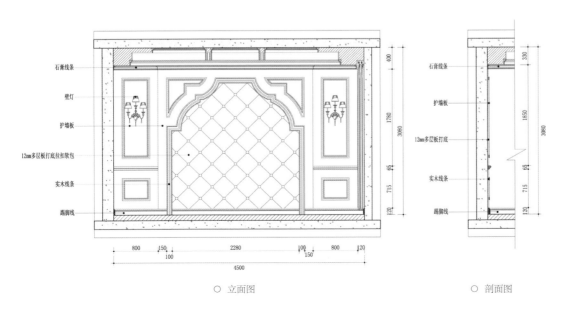

○ 立面图　　　　　　　　　○ 剖面图

中间使用花纹图案大理石做背景，同样建议用12mm厚的多层板打底。大面石材不建议采用直接湿铺的方式进行铺贴，因为墙面的平整度以及铺贴后的牢固度都得不到很好的保证。

背景错落的位置需要结合灯光烘托氛围，两侧的造型凸出墙面80~100mm为宜，因为既要让灯光具有隐蔽性，以便增加美观效果，同时也要保证有足够的空间操作固定灯管。

安装大理石线条建议采用45°拼接的方式，这样能够让线条与线条之间的凹凸纹理贯穿连接，使背景的线条更富有层次感。

◆ 青春设计

– Point –
2
大理石护墙板装饰工艺

大理石护墙板在安装时，须用大理石专用胶进行黏合。打胶时要先将四边无间断打满，让黏合度均匀且牢固。

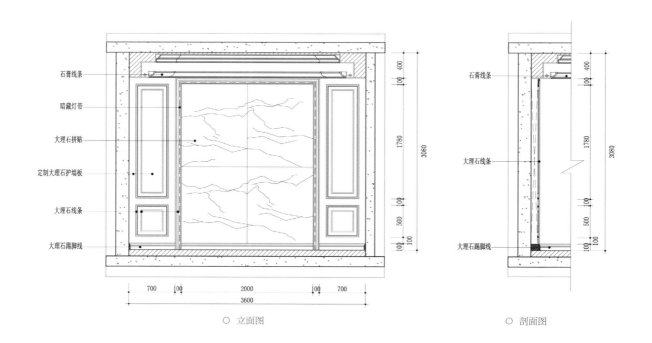

石膏线条
暗藏灯带
大理石拼贴
定制大理石护墙板
大理石线条
大理石踢脚线

400
100
1780
500
100
3080

700 100 2000 100 700
3600

石膏线条
大理石线条
大理石踢脚线

400
100
1780
500
100
3080

○ 立面图　　　　　　　　○ 剖面图

内嵌玫瑰金不锈钢线条的护墙板装饰工艺

背景墙中的灰色部分经批嵌、打磨后，用灰色乳胶漆刷涂两遍即可。在墙面装饰中，大跨度部分不建议采用混水油漆或定制烤漆护墙板，涂刷乳胶漆稳定性会更好。因为面积过大的木面油漆，时间长了以后容易变形起壳。

实木线条内嵌玫瑰金不锈钢线条，可增加床头背景的层次感。内嵌玫瑰金不锈钢线条打底时须留出20~30mm厚以及大小均匀的缝隙，以保证安装的平整度。玫瑰金不锈钢线条通常在完成油漆后，采用硅胶进行安装，以保证其整洁度不受油漆影响。

采用凹凸有致的护墙板装饰的床头背景墙，须先用多层板做造型，然后通过定制木线条与石膏线条进行收口处理，以增强背景的层次感。白色部分采用木饰面板贴面加实木线条收边后，再以白色混水油漆进行喷涂，显得光滑细腻。

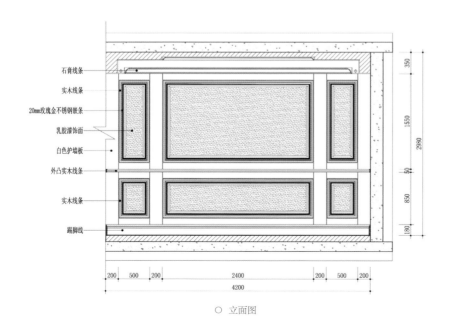

石膏线条
实木线条
20mm玫瑰金不锈钢嵌条
乳胶漆饰面
白色护墙板
外凸实木线条
实木线条
踢脚线

350
1550
2980
50
850
180

200 500 200 2400 200 500 200
4200

○ 立面图

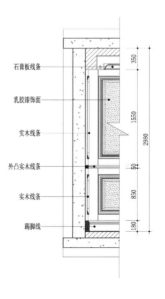

石膏板线条
乳胶漆饰面
实木线条
外凸实木线条
实木线条
踢脚线

350
1550
2980
50
850
180

○ 剖面图

半高护墙板与艺术涂料衔接的装饰工艺

墙面的圆拱造型须采用木工板放样，然后以手工裁切进行打底，并用石膏板封面。这样的工艺可以确保造型的对称性和美观性。

收口处的实木线条在进行 45° 拼接时，应注意切割角度的把握，让对接缝更加精细。如有避免不了的缝隙，可通过腻子粉进行调剂修补。

由于护墙板是基于原墙面用 12mm 厚的多层板进行打底后安装的，而且只有半高的造型。所以与艺术涂料的衔接处须设置线条进行收口，以便让两种材质之间有更好的过渡衔接。

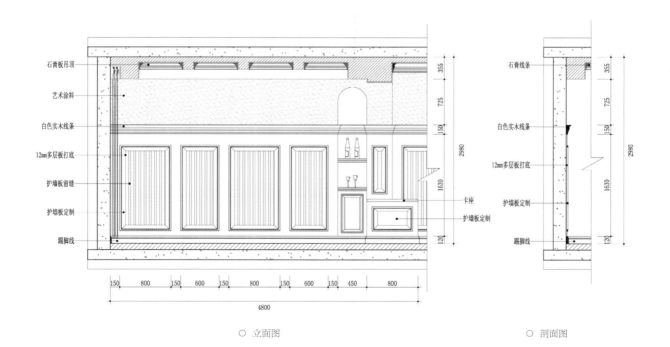

○ 立面图　　　　　　　　　　　　　　　　○ 剖面图

增加罗马柱装饰的护墙板装饰工艺

对称的墙面设计须注意比例划分，其尺寸大小应从中间往两边递减。通常中间位置应比两侧大，因为中间是整个背景的视觉中心，须彰显其位置的重要性。

定制装饰柜增强了客厅空间的收纳功能。在定制柜体时，横跨超过 600mm 的层板建议采用双层加固，不仅可以增加其稳定性，而且能让装饰柜显得更加厚重、可靠。

装饰罗马柱建议比装饰柜与护墙板外凸 30~50mm，方便柜子收口的同时更显层次感。此外，装饰罗马柱在安装固定时，须采用气钉和胶水结合的方式，以保证牢固度。

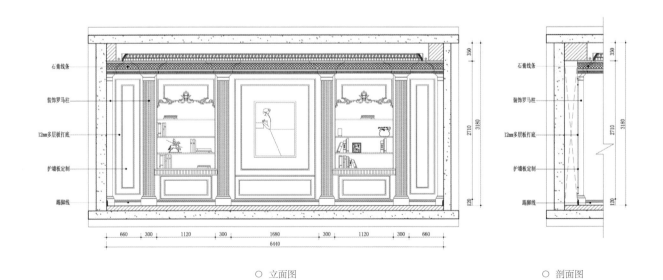

石膏线条
装饰罗马柱
12mm多层板打底
护墙板定制
踢脚线

350
2710 3180
120

石膏线条
装饰罗马柱
12mm多层板打底
护墙板定制
踢脚线

350
2710 3180
120

660 300 1120 300 1680 300 1120 300 660
6440

○ 立面图　　　　　　　○ 剖面图

第三节

软包

与

硬包

墙面

工艺

解析

Whole

House

Wall

Decoration

倒角斜边硬包装饰工艺

◆ 奥迅设计

硬包的块面细分让空间更有线条感，而且还彰显了硬包的品质感。硬包在制作时，须用多层板进行打底，可采用型材方式以及密度板倒边等方式进行制作。

硬包的收边线条采用了不锈钢加木饰面线框的形式，线框须先用木工板打底，然后用万能胶铺贴。在定制内外侧的不锈钢线条时，应比木饰面制作的线条凸出8~15mm的高度。

在墙面中间部位单独设置背景时，应使用线条进行收边。施工时建议先把线条钉好，这样在现场制作硬包时，可以让两者贴合更紧密，避免衔接上的瑕疵。

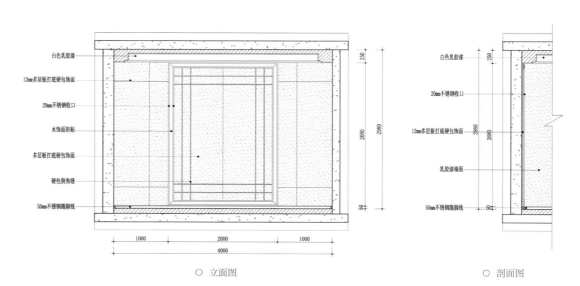

白色乳胶漆

12mm多层板打底硬包饰面

20mm不锈钢收口

木饰面粘贴

多层板打底硬包饰面

硬包倒角缝

50mm不锈钢踢脚线

白色乳胶漆

20mm不锈钢收口

12mm多层板打底硬包饰面

乳胶漆墙面

50mm不锈钢踢脚线

1000   2000   1000

4000

250   2680   2980

250   2980   2680

○ 立面图   ○ 剖面图

2

硬包与小条镜面相结合的装饰工艺

挑高的客厅背景，采用了块面硬包加小条镜面的方式进行装饰。让背景层次鲜明的同时，还增加了空间的延展性。须注意，镜面的定制高度不宜超过2400mm。考虑到运输及施工的便利，一般会对镜面进行分段处理，建议将分段的接缝与硬包的断缝对齐。

在制作硬包与镜子结合的背景时，顺序上建议先安装镜面再制作硬包，这样可以将两者的误差降到最低，同时能让接缝处衔接得更加紧密。

镜子须采用硅胶进行固定，制作硬包的材质通常采用10mm的隔音绵即可。硬包的斜面倒边可以让背景的立体感增加，斜面倒边可以采用PVC硬包型材直接制作。

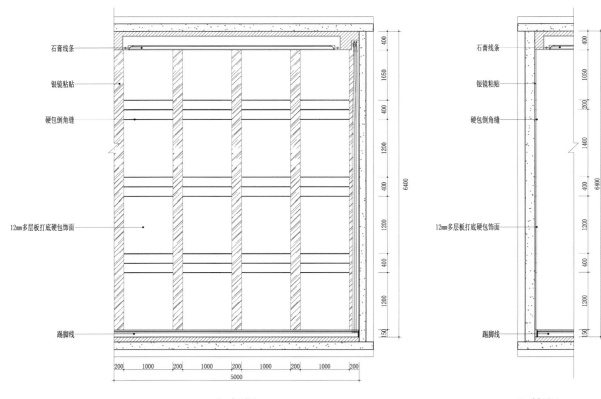

| 立面图 | 剖面图 |

石膏线条

银镜粘贴

硬包倒角缝

12mm多层板打底硬包饰面

踢脚线

○ 立面图　　　　○ 剖面图

拉扣式软包装饰工艺

为配合中间软包背景的灯光氛围，两侧的墙纸背景做了外凸造型。这部分须用轻钢龙骨或木龙骨做基层垫高后，再用石膏板进行封面。壁灯的位置须采用木工板做基层，以增强牢固度。铺贴墙纸的墙面应先做好批嵌，待干透打磨并涂刷墙纸基膜后，才可以进行铺贴。

两侧的护墙板造型框，应根据背景墙的大小预留边框的宽度尺寸。通常情况下，边框的尺寸不宜过窄或过宽，建议控制在 100~150mm。

卧室背景采用拉扣式软包搭配墙纸、护墙板进行装饰，精致而温馨。拉扣菱形软包格子须根据软包背景的大小进行划分，建议采用 450~550mm 为宜。

◆ 曹睿设计

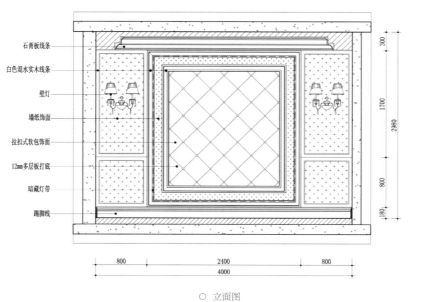

石膏板线条
白色混水实木线条
壁灯
墙纸饰面
拉扣式软包饰面
12mm多层板打底
暗藏灯带
踢脚线

300
1700
2980
800
180

800　　　2400　　　800
4000

○ 立面图

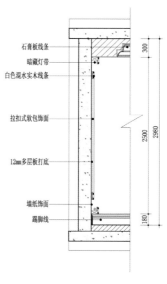

石膏板线条
暗藏灯带
白色混水实木线条
拉扣式软包饰面
12mm多层板打底
墙纸饰面
踢脚线

300
2500
2980
180

○ 剖面图

软包与灰镜相结合的装饰工艺

软包具有较强的灵活性，可选择真皮、PU以及布艺等材料进行制作。具体可根据不同风格的装饰需求，选择相应的材料及制作工艺。

在室内使用灰镜作为装饰材料时，须考虑其长度与宽度对安装和运输的风险及可操作性。普通公寓中所使用的灰镜，其高度不宜超过2400mm，宽度不宜超过1200mm。

背景墙采用了浅色软包与灰镜结合的方式，让整体更富有空间感。细条圆弧的软包制作工艺相对复杂，须在两根型材中加入PVC薄片，制作出半圆弧的小拱造型。细条圆弧的造型尺寸不宜小于100mm。

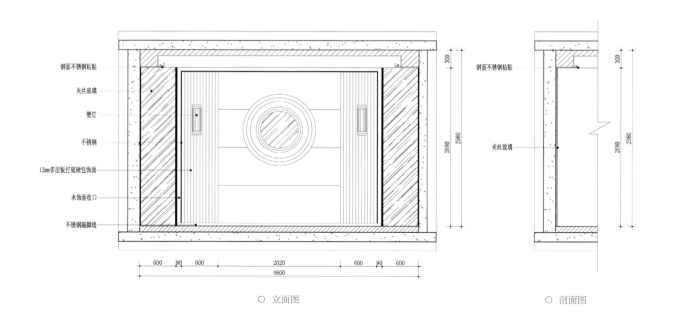

钢面不锈钢粘贴
夹丝玻璃
壁灯
不锈钢
12mm多层板打底硬包饰面
木饰面收口
不锈钢踢脚线

钢面不锈钢粘贴
夹丝玻璃

600 90 600 2020 600 90 600
4600

○ 立面图

○ 剖面图

六边形车边镜装饰工艺

在餐厅背景墙铺贴六边形车边镜，增加了空间的层次感。由于车边镜是一块块分开粘贴安装的，所以上下左右须预留好尺寸。建议从中间往四边分，先在底板上进行放样，然后按照放样好的格子进行粘贴，以保证四周切割尺寸的对称效果。

为提升镜面装饰背景的美观度以及安装的牢固度，镜面周围一圈须用线条进行收边处理。线条的大小规格应一致，下方的线条可直接替代踢脚线，因此不用单独预留踢脚线的高度。

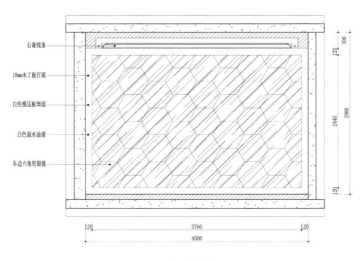

石膏线条
18mm木工板打底
白色模压板饰面
白色混水油漆
车边六角形银镜

120
300
2440
2960
120

120   3760   120
4000

○ 立面图

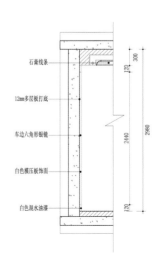

石膏线条
12mm多层板打底
车边六角形银镜
白色模压板饰面
白色混水油漆

120
300
2440
2960
120

○ 剖面图

造型车边镜装饰工艺

对异形的镜面进行排版和切割时，须勘测现场并做好基层，然后根据尺寸进行排布。建议厂家在分割雕刻的时候进行序号编排，以免尺寸和规格出现误差，导致安装衔接的效果出现瑕疵。

采用镜面作为装饰背景墙时，建议不要直接落地，而应预留出踢脚线的位置。以免日常拖地时对镜子造成损坏，同时也要防止平时搬运东西时碰撞到镜子。

餐厅背景墙采用大面积弧形车边镜面进行装饰，增加了视觉通透感。大面积镜面在安装时，须用12mm多层板打底，以保证墙面的平整度。同时还须在镜面周围用实木线条进行围边收口，增加镜子的固定效果。需要注意的是，镜面的弧度造型应根据尺寸进行艺术切割后再车边加工处理。

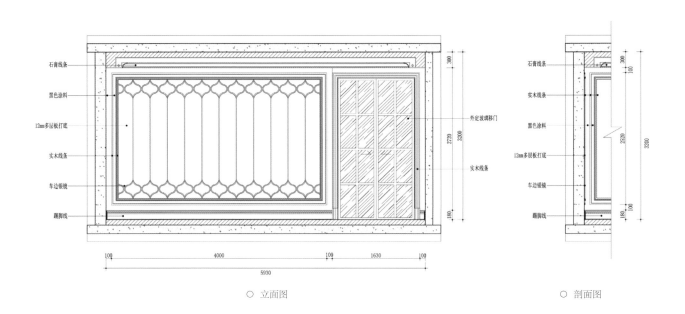

○ 立面图   ○ 剖面图

3

灰镜结合木饰面板的装饰工艺

木饰面板采用凹凸错落有序的方式，凸显了背景墙的层次感。突出部分须采用线条收口，本案中采用的是30mm不锈钢线条作为收口处理。在安装过程中，使用45°的拼接处理能让整体显得更为美观。

在处理灰镜与木饰面板之间的接缝时，应考虑好两者间的拼接和层次。灰镜采用硬包加不锈钢线条进行围边，旁边的木饰面板则采用了垫高处理，与线条齐平。

背景墙上不同材质的粘贴方式各有不同，木饰面板通常采用万能胶粘贴，而灰镜和不锈钢线条均采用硅胶进行粘贴。

餐厅背景墙采用了木饰面板与灰镜结合的方式。施工前应先用多层板打底，以增强稳定性，而且还可以增加木饰面板与灰镜的黏合效果。

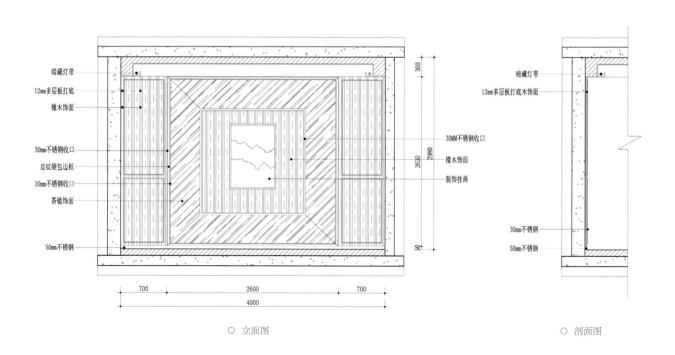

○ 立面图　　　　　　　　　　　　　　　○ 剖面图

磨砂玻璃玄关装饰工艺

◆ 上海平仄室内设计

不锈钢方管框架，须在顶面与地面完成好后再进行定制，这样尺寸上才能把握更准确。此外，顶面与地面的衔接处安装完毕后，须用半透明硅胶进行收口处理。

在安装玻璃与不锈钢方管时，要先在不锈钢方管上预留玻璃卡槽，并在玻璃装好架子后再进行安装。安装好后用硅胶加以固定，以保证使用时的牢固度。

采用深色不锈钢方管结合磨砂玻璃作为玄关的装饰背景，在大平层公寓中运用较多。不锈钢方管建议采用 40mm×60mm 的规格，并加厚防止变形，固定时应采用在顶面与地面打孔的方式。玻璃建议采用 10mm 的钢化玻璃，以保证日常使用的安全性。

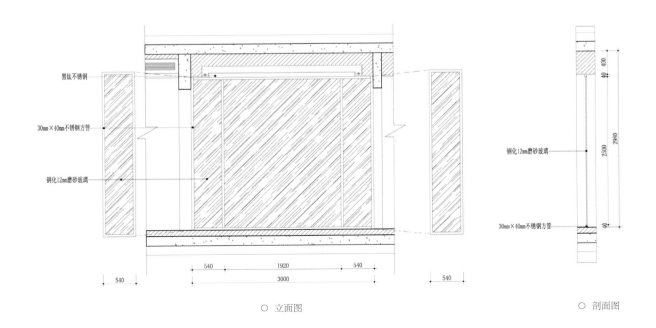

黑钛不锈钢

30mm×40mm不锈钢方管

钢化12mm磨砂玻璃

钢化12mm磨砂玻璃

30mm×40mm不锈钢方管

540 | 540 | 1920 | 540

3000

540

400 40

2960 2500 40

○ 立面图

○ 剖面图

5
夹丝玻璃背景装饰工艺

夹丝艺术玻璃在家居装饰中运用比较广泛，其自身图案可根据风格需求进行个性化定制，还可以直接设置画面作为背景以及装饰画效果。作为背景装饰时，建议采用 6mm+6mm 的夹丝钢化玻璃，以确保安全性和稳定性。

在玄关采用夹丝艺术玻璃作为背景，增加了入户空间的层次感与通透感。将夹丝艺术玻璃安装在墙体中时，应先在墙体中间预留好玻璃槽口，玻璃安装完毕后再装门框套。这样既保证了玻璃与墙面的完美结合，也方便了玻璃的固定与收口处理。

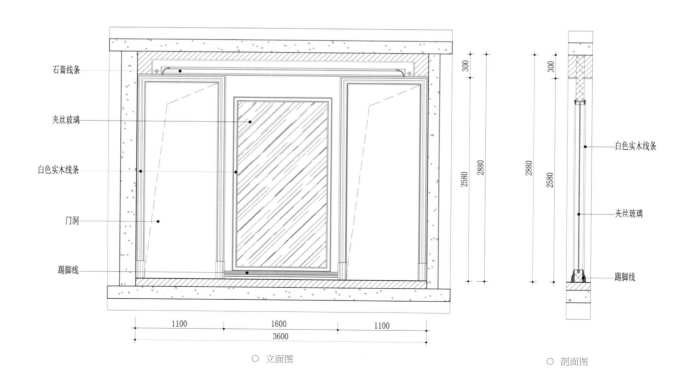

石膏线条

夹丝玻璃

白色实木线条

门洞

踢脚线

300

2880
2580

300

2880
2580

白色实木线条

夹丝玻璃

踢脚线

1100   1600   1100
3600

○ 立面图

○ 剖面图

实木线条框装饰工艺

采用护墙板外凸线条围框作为装饰背景，增加了空间的层次感。通常情况下，将回字框的护墙板线条作为装饰时，其内框线条的宽度为外框线条宽度的一半，这样的层次递减在视觉上更为舒适。

◆ 选阿木方设计

选择成品的定制线条，可以避免在现场刷涂油漆所造成的污染。此外，成品定制线条的品质要优于现场加工的线条。安装线条时，可采用气钉打孔以及免钉胶的固定方式。回字线条框之间须采用45°切割的方式进行拼接，以凸显其精细感与美观性。

第五节

装饰

线条

墙面

工艺

解析

Whole

House

Wall

Decoration

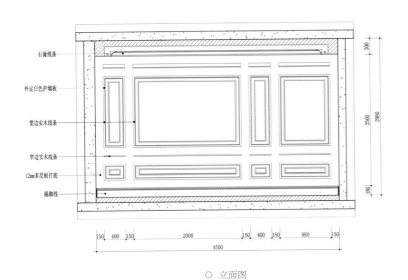

石膏线条
外定白色护墙板
宽边实木线条
窄边实木线条
12mm多层板打底
踢脚线

300
2500 2980
180

150 400 150 2000 150 400 150 950 150
4500

○ 立面图

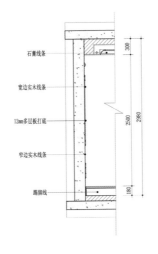

石膏线条
宽边实木线条
12mm多层板打底
窄边实木线条
踢脚线

300
2500 2980
180

○ 剖面图

玫瑰金不锈钢线条装饰工艺

在同一背景墙上，相同大小的不锈钢线条建议采用45°切割拼接的方式进行安装，并用硅胶进行固定。在装饰风格的搭配上，现代风格家居采用镜面不锈钢线条更具奢华感，而采用玫瑰金不锈钢线条则更能彰显空间的品位。

在背景墙上采用墙纸与不锈钢进行装饰，是一种软硬兼顾的设计手法。在施工前，应先用墙纸专用基膜进行涂刷，干透后方可铺贴。在安装顺序上，建议先安装不锈钢再铺贴墙纸，因为墙纸易破损且不便修补。

电视背景墙采用大小各异的玫瑰金不锈钢装饰线条，结合细腻纹理的墙纸，凸显出了墙面装饰的奢华感。不锈钢线条须采用木工板按照需要的宽度打底，然后现场测量精确尺寸后定制。此外，不锈钢线条的衔接处须用平口拼接的方式进行处理，以保证其平整度与美观度。

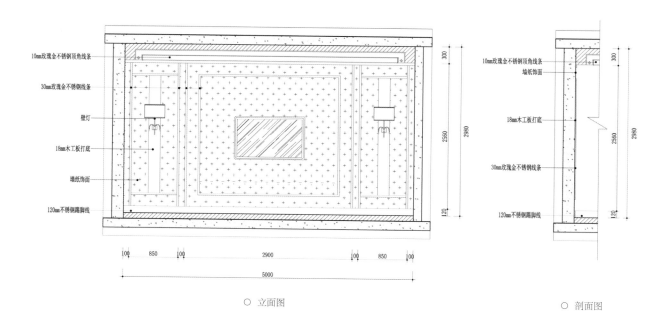

○ 立面图　　　　　　　　　　　　　○ 剖面图

在背景墙上装饰成品线条并在拼角处饰以雕花，与玄关柜的繁复雕花形成了呼应。线条应在墙纸施工完毕后，再安装在墙纸的表面，可采用免钉胶或硅胶加以固定。线条的宽度建议控制在 40~60mm 之间较为合适。

欧式纹样的墙纸结合金色回字框线条，凸显出了入户空间的品质感。有花纹对接的墙纸在铺贴时须注意其花距，一般要现场精确测量后进行定制。此外，花距小的墙纸在拼贴过程中可以节约墙纸的门幅。

在玄关处采用大理石或地砖铺设地面时，选择大理石作为踢脚线较为匹配。踢脚线可采用水泥砂浆湿铺法进行铺设，高度一般建议在 100~120mm 为宜。

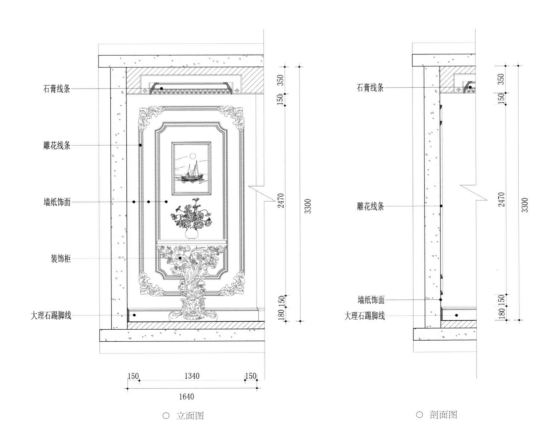

石膏线条
雕花线条
墙纸饰面
装饰柜
大理石踢脚线

石膏线条
雕花线条
墙纸饰面
大理石踢脚线

○ 立面图   ○ 剖面图

分段形式的线条装饰工艺

在门洞附近设置线条框时，须注意门洞的高度。由于门洞两侧的线条高度，通常是根据整体墙面的高度比例计算的，一般会超出门洞的高度。所以在门洞上方设置与其相呼应的线条框，能让墙面更有整体性。

当玄关背景墙面前需要摆设装饰案几时，线条可以分成上下两段分别设置，突显其层次感。在定制时，上方线条框的外边缘，须预留出距离地面900~1200mm左右的高度，以便更好地选择比例适中的案几进行陈设。

在对称门洞中间的墙面进行装饰时，采用线条点缀无疑是很好的处理手法。不仅可以增加墙面的层次感，还能让整体空间显得更为精致。安装时，可采用免钉胶进行固定。

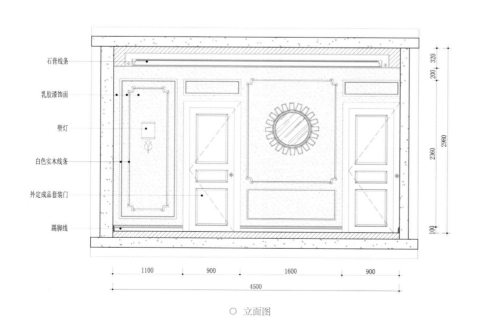

石膏线条
乳胶漆饰面
壁灯
白色实木线条
外定成品套装门
踢脚线

320
200
2360
2960
100

1100　900　1600　900
4500

○ 立面图

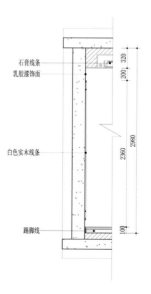

石膏线条
乳胶漆饰面
白色实木线条
踢脚线

320
200
2360
2960
100

○ 剖面图

第五章

全屋墙面
软装元素搭配

　　装饰镜是墙面装饰中非常重要的艺术表现形式。自古以来就有"以铜为镜，可以正衣冠"之说，但很多人对装饰镜的用途，还停留在最原始的功能基础上。其实在家居空间中，不同造型和边框材质的装饰镜，也有其独特的装饰作用。铁框、皮质以及各种自然材质的镜框，搭配圆形、方形、多边形等表现形式，丰富了装饰镜的艺术形象。而镜面材料也以玻璃镀银镜、仿古镜、磨边镜等，代替了金、银、水晶、青铜这些古老的镜面材料。装饰镜主要分为有框镜和无框镜两种类型，其中无框镜更适合运用在现代简约风格的空间当中。

○　无框装饰镜

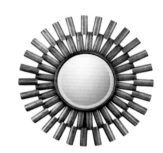

○　树脂边框装饰镜

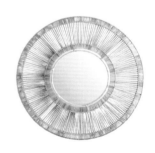

○　竹质边框装饰镜

○　皮质边框装饰镜

1
造型分类

　　装饰镜有圆形、方形、多边形以及不规则形等各种各样的造型，每一种形状都有它的独特性，并且能产生不同的视觉效果。

　　圆形装饰镜有正圆形与椭圆形两种，其外形能给人舒适的感觉。简单镜框的圆形装饰镜能让空间有一种简洁明了的氛围，而搭配了花边镜框的圆形装饰镜，则显得艺术感十足。无论是齿轮样式还是花朵样式的圆形装饰镜，都能起到很好的装饰作用。椭圆形装饰镜更注重实用效果，其形状不仅能为室内带来曲线美感，还能在一定程度上起到节约空间的作用。

○　椭圆形装饰镜

○　圆形装饰镜

方形装饰镜同时具备装饰性和功能性。长矩形镜具有较大的反射面积，可用于装饰和反射光线，容易与周围环境相搭配。许多现代简约风格的空间里，都能见到这种形状的装饰镜。

多边形挂镜棱角分明，线条美观，而且整体风格较为简约现代，是家居墙面装饰不错的选择。有的多边形挂镜带有金属镶边，显得奢华精致。

不规则形状的装饰镜相比圆形装饰镜更加艺术化，并且发挥想象的空间更大，所渲染的空间氛围也更加强烈。

○ 多边形装饰镜

◆ 同心同盟设计

○ 方形装饰镜

○ 不规则形装饰镜

162

镜框选择

　　极简镶边的装饰镜，通常能和细腿家具形成完美呼应。镏金的装饰镜很适合和油画摆在一起，能够提升空间气场。有着古朴花纹的古董镜装饰性强，其细心雕琢的镜框，能将整个空间都映射出来。有些装饰镜的外围，会用一圈树枝拼成的图案作为装饰，在充满现代感的设计中，融合着自然清新的气息。

○ 极简镶边的装饰镜适合搭配细腿家具

◆ 臻品空间设计

○ 由一圈树枝造型组成的装饰镜框，于现代中透露出自然气息

○ 镏金的装饰镜适合搭配油画，表现出空间的华贵感

空间运用

由于装饰镜可以照到餐桌上的食物，刺激用餐者的味觉神经，让人食欲大增，因此非常适合运用在餐厅空间。此外，装饰镜还是新古典风格、中式风格、欧式风格以及现代风格餐厅中常用的软装元素。在悬挂位置上，一般选择较为显眼空阔的区域即可。如果餐厅中布置了餐边柜，也可以将装饰镜悬挂在餐边柜的上方。

◆ 木桃盒子设计

○ 用麻绳悬挂的多面装饰镜富有趣味性

◆ 品川设计

○ 餐厅墙上的圆形装饰镜在中式传统文化中具有圆满的美好寓意

◆ 远自成设计

○ 挑高的客厅墙面把多幅装饰镜拼贴在壁炉上方，营造多重视觉感

卧室中的装饰镜除了可以用作穿衣镜，还能起到放大空间的作用，从而化解了狭小卧室的压迫感。还可以在卧室的墙面上设计一组小型装饰镜，既有扩大空间的作用，又能使卧室的装饰更具个性，让人眼前一亮。

　　○ 三面大小不一的装饰镜高低错落地悬挂，成为床头墙上的个性装饰

　　装饰镜作为卫浴间墙面的必需品，其功能作用似乎占了主导，因此很多人忽视了它的装饰性与空间效果。其实，只要经过巧妙的设计，镜面能给卫浴间带来意想不到的装饰效果。装饰镜不仅可以在视觉上延展空间，还能起到提升明亮度的作用。卫浴间中的装饰镜通常安装在盥洗台上方，美化环境的同时，还方便整理妆容。

○ 卫浴间中的装饰镜除了具有整理妆容的作用之外，还具有很强的装饰性

○ 过道上的装饰镜可以起到提亮空间的作用，所以尺寸不宜太小

镜框选择

　　将装饰镜安装在与窗户呈平行的墙面上，可以将窗外的风景引入室内，增加室内的舒适感和自然感。如条件有限，不能将装饰镜安装在这个位置上，则应重点考虑反射物的颜色、形状与种类，以避免让室内空间显得杂乱无章。此外，也可以在装饰镜的对面悬挂一幅装饰画或干脆用白墙增加房间的进深。

　　一般来说，装饰镜的宽度应至少为 0.5m，大型装饰镜则可以是 1.7 ~1.9m。如果想将装饰镜作为空间中的装饰焦点，应将其挂在地板以上至少 1.5m 处。小装饰镜的悬挂位置则应处于眼睛的水平高度，太高或太低都可能影响到日常的使用。观看装饰镜的推荐距离约为 1.5m，需要注意的是，应避免将人造灯直接照向装饰镜。

○ 装饰镜的位置首选与窗户平行的墙面，如果条件不够，可在装饰镜的对面挂画或摆设花艺绿植等，增加反射对象的美观性

类型选择

　　装饰画通常可分为印刷画、定制手绘画和实物装裱画三类。印刷画里的画心是打印出来的，可根据整体装饰方案选择合适的画心、装裱的卡纸以及相应风格的画框，定制周期为1~2周。定制手绘画多种多样，包括国画、水墨画、工笔画以及油画等。这些丰富的画品都属于手绘类的不同表现形式，定制时间为1~2个月。还有一类是实物装裱画，也称为装置艺术。比如平时看到的一些工艺画品，它的画面是由许许多多金属小零件或陶瓷碎片组成。这类装饰画的定制时间为2~3周。

第二节

装饰

画

Whole
House
Wall
Decoration

印刷画 ｜ 定制时间 1~2 周

定制手绘画 ｜ 定制时间 1~2 个月

定制装裱画 ｜ 定制时间 2~3 周

- Point

2
色彩搭配

通常装饰画的色彩分成两块，一块是画框的颜色，另外一块是画心的颜色。其色彩搭配原则是：在画框和画心中，需要有一个颜色和空间内的沙发、桌子、地面或者墙面的颜色相呼应，这样才能给人和谐舒适的视觉效果。最好的方法是装饰画的主色从主要家具中提取，而用于点缀的辅色可以从饰品中提取。

选择合适的画框颜色可以很好地提升作品的艺术性，比较常见的画框颜色有原木色、黑色、白色、金色、银色等。通常原木色的画框比较百搭，和北欧风格、日式风格中的木质家具正好形成同色系。金色其实是木色的加深版，因此并不会因为金光闪闪而显得庸俗。黑色画框比较个性，能更好地凸显装饰画的内容，因此也是很好的选择。画框颜色的选择应根据空间陈设与画作本身的色彩而定。如果想要营造宁静典雅的氛围，画框可以与画面使用同类色；如果要产生跳跃的强烈对比，则应使用互补色。黑色的画面，搭配同色的画框须适当留白，银色画框则可以很好地柔化画作，使画面看起来更加温暖、浪漫。

○ 装饰画与沙发及抱枕的色彩构成呼应关系，带来十分和谐的视觉感

○ 原木色画框

168

○ 白色画框

○ 金色画框

○ 黑色画框

画框搭配

选择合适的画框旨在衬托画作，让装饰画更突出，更吸引人。从材质上来分，画框有实木框、聚氨酯塑料发泡框、金属框等，可根据实际需要搭配。从造型上看，直角框干练大方，圆角框和谐优雅。画框的宽窄搭配，须符合画作的基调与想要传达的内容，过宽的画框会让装饰画看起来太过沉重，而过于细窄的画框，则会让一幅严谨的作品看上去如同海报般无足轻重。

装饰画的风格和内容也决定了该用什么样的画框。带有中式文化气息的水墨国画建议选用实木画框；对古典油画来说，最合适线角起伏明显的镀金画框，彰显出雍容华美；现代装饰画一般色彩都比较鲜艳明快，可选择无框或直线条的画框，给人以简洁的印象；风景画最好搭配凹形的画框以增强透视效果；而肖像画或静物画则应搭配凸起的画框，使画作凸现在人的面前，加强其纵深感。

○ 实木画框

○ 发泡画框

○ 金属画框

◆ 品川设计

◆ 辛军设计

○ 现代装饰画通常选择无框或直线条的画框

○ 古典油画适合搭配雕花的镀金画框

○ 水墨画建议选择实木画框

在客厅空间中，装饰画的尺寸大小应取决于沙发的大小。如 2m 左右的沙发，可搭配尺寸为 50cm×50cm 或 60cm×60cm 的装饰画；3m 以上的沙发则须搭配尺寸为 60cm×60cm 或 70cm×70cm 的装饰画。卧室和书房的装饰画尺寸都应比客厅的小一些，一般为 50cm×50cm 或 40cm×70cm。如空间较大，则可以考虑 60cm×60cm 或 60cm×80cm 的装饰画尺寸。餐厅装饰画的尺寸一般为 40cm×60cm 或 40cm×40cm，如餐厅空间较大，则悬挂尺寸为 50cm×50cm 或 50cm×70cm 的装饰画较为合适。

装饰画的悬挂高度往往会影响观赏时的效果。如果在客厅沙发墙上悬挂装饰画，其高度应在沙发上方 15~20cm 的位置。如果在空白的墙面上悬挂装饰画，其中心应离地面约 145cm。餐厅中因为桌椅多，同样要适当把握装饰画的高度调度。

○ 客厅沙发后墙上挂画，装饰画高度在沙发上方 15~20cm

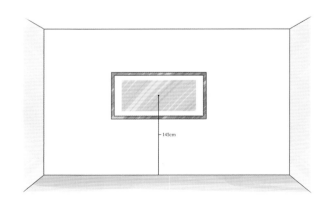

○ 空白的墙面上挂画，装饰画中心离地面约 145cm

悬挂方案

　　如果在墙面上悬挂单幅尺寸较大的装饰画，应注意所在的墙面一定要够开阔，以避免形成拥挤的感觉。装饰画与墙面的大小比例要适当，同时装饰画的左右上下应适当留白。如需在墙面上悬挂多幅装饰画，应控制好画和画之间的距离，例如挂三幅组合画，那么每幅画之间的距离一般在 5~8cm 之间。尺寸相同的装饰画之间，其距离应保持一致，但不要过于规则，保持一定的错落感能让墙面更加美观。如果在墙面上悬挂大小不一的多幅装饰画，不能以画作的底部或顶部为水平标准，而应以画作中心为水平标准。

　　大幅的装饰画基本上都是用钉子来进行固定的，可根据装饰画的大小来决定用钉数量，一般正常大小的挂画都是用两颗钉子。如果不想破坏墙面，也可以用无痕挂钩来悬挂装饰画，需要注意的是，无痕挂钩只能悬挂重量较轻的装饰画，而且时间长了容易变形脱落，因此更适合短期内的装饰要求。

◆ 奥迅设计

○ 多个相同尺寸的装饰画，在悬挂时可保持一定的错落感

◆ 上上国际设计

○ 墙面上悬挂多幅大小不一的装饰画，以最大幅装饰画的中心为水平标准

◆ 泽元宝设计

○ 单幅装饰画应把握好与墙面大小的比例，成为视觉中心的同时避免形成拥挤的感觉

○ 如果悬挂多幅装饰画，那么画与画之间的距离应控制在5~8cm

　　装饰画悬挂法则图可作为墙面挂画的参考。其中视平线的高度决定挂画的合理高度；梯形线让整个画面具有稳定感；轴心线对应空间的轴心，沙发、茶几、吊灯以及电视墙的中心线都可以在轴心线上与之呼应；A的高度要小于B的高度，C的角度在60°~80°之间。

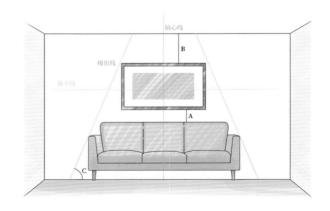

○ 装饰画悬挂法则

对称挂法

多为 2~4 幅装饰画以轴心线为准，采用横向或纵向的形式均匀对称分布，画与画之间的间距最好小于单幅画的 1/5，以达到视觉平衡效果。画框的尺寸、样式以及色彩通常是统一的，画面最好选择同一色调或是同一系列的内容，这种方式比较保守，不易出错。

连排式挂法

3 幅或 3 幅以上的画作平行连续排列，上下齐平，间距相同，一行或多行均可。画框和装裱方式通常是统一的，6 幅组、8 幅组或 9 幅组时，最好选择成品组合。而单行多幅连排时，画心内容可灵活些，但要保持画框的统一性，以加强连排的节奏感。连排式挂法适用于过道这样的狭长空间。

中线挂法

上下两排大小不一的装饰画集中在一条水平线上，随意感较强。画面内容最好表达同一主题，采用统一样式和颜色的画框，整体装饰效果更好。选择尺寸时，要注意整体墙面的左右平衡，可以以单排挂画的中心所在线为标准。

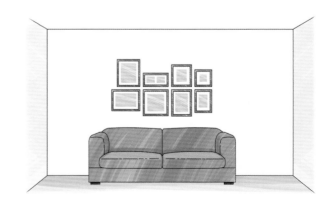

混搭式挂法

　　将装饰画与饰品混搭排列成方框是一种时尚且富有创意的方式，可根据个人爱好选择饰品，但注意不要太重，以免掉落。排列组合的方式与装饰画的挂法相同，只不过把其中的部分画作用饰品替代而已。这样的组合适用于墙面和周边比较简洁的环境，否则会显得杂乱。

水平线挂法

　　水平线挂法分为上水平线挂法和下水平线挂法。上水平线挂法是将画框的上缘保持在一条水平线上，形成一种将画悬挂在一条笔直绳子上的视觉效果。下水平线挂法是指无论装饰画如何错落，所有画框的底线都保持在同一水平线上，相对于上线齐平法，这种排列的视觉稳定性更好，因此画框和画心可以多些变化。

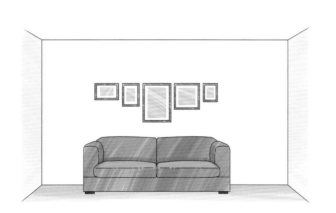

搁板陈列法

　　利用墙面搁板展示装饰画更加方便，可以在搁板的数量和排列上做变化，例如选择单层搁板、多层搁板整齐排列或错落排列。由于搁板的承重有限，更适宜展示多幅轻盈的小画。此外搁板上最好要有沟槽或者遮挡条，以免画框滑落伤到人。

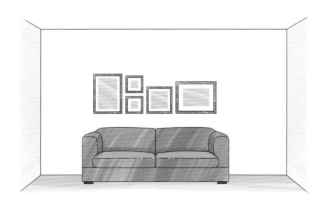

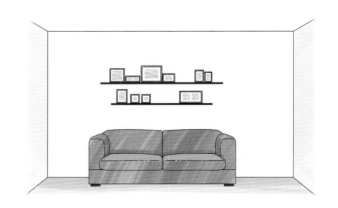

第三节

照片墙

Whole
House
Wall
Decoration

- Point

1
色彩搭配

　　照片墙应考虑整体色彩的搭配。如担心多张彩色照片会让墙面显得凌乱，可考虑使用黑白照片或者搭配统一色调的照片。相框的颜色同样至关重要，在实际选择中，应避免相框颜色和照片的主色相同。如无法避免，可用白纸先框住照片，再挂上相框，让照片和相框之间形成留白效果。在白色的墙面上设计照片墙，其相框的组合颜色不要超过三种，以黑色、白色、胡桃色为主。对于有射灯的墙面，建议选用深色的相框，如黑色、红木色、褐色、胡桃色等。

○ 如果上方有射灯，黑色、褐色等深色类的相框能更好地衬托出画面

○ 白色、浅木色相框组成的照片墙能更好地表现出北欧风格的清新气质

○ 如果担心彩色照片墙显得太乱，整体统一的黑白色照片墙是一个
　比较稳妥的选择

○ 彩色照片墙应协调好每一幅照片之间的色彩关系，避免出现视觉
　上的突兀感

◆ 伊派设计

　　照片墙的设计不仅要根据整体环境来决定，还需要考虑到尺寸大小的问题。在相框尺寸上，小的有 7 寸、9 寸、10 寸，大的有 15 寸、18 寸和 20 寸等。布置时可以采用大小组合，在墙面上形成一些变化，相框之间的间距以 5cm 最佳。相框的尺寸大小通常是指相框的内径尺寸，7 寸相框可以放 12.7cm×17.8cm 的照片，8 寸的适合放 15.2cm×20.3cm 的照片，照片再小一点的也可以，周围用卡纸镶嵌即可。打造照片墙之前要先量好墙面的尺寸大小，再确定用哪些尺寸的相框进行组合，一般情况下，照片墙的大小最多只能占据三分之二的墙面空间，否则会给人造成压抑的感觉。

◆ 洪烈文设计

○ 如果用相框与其他挂件混搭组合成照片墙，应把握好彼此间的尺寸

○ 小尺寸照片随意挂在铁艺网上,简单的布置可以瞬间让墙面生动起来

○ 照片墙应根据墙面尺寸大小进行设计,最多只能占据三分之二的墙面空间

对称型照片墙

使用最多的一种照片墙设计方式。图示上共包含六个相框,分别为四个 16cm × 20cm 的大相框和两个 11cm × 17cm 的小相框。四个大相框按照上下各两个居中摆放,两个小相框居左右两边,以对称型排布。

长方形照片墙

长方形照片墙给人简洁大方之感,也是比较容易掌握的一种设计方式。例如八个相框,分别为三个 16cm × 20cm 的大相框和五个 11cm × 14cm 的小相框,三个大相框在上,五个小相框在下均匀排列。

不规则形照片墙

如果空间中的墙面比较大，推荐采用不规则形的照片墙设计。例如十三个相框，分别为三个 16cm×20cm、三个 10cm×20cm、四个 11cm×14cm、两个 10cm×10cm、一个 8cm×10cm，将其进行随意排列。

错落形照片墙

错落形的照片墙给人规整并富有变化的视觉感受。例如八个相框，分别为两个 24cm×30cm 的大相框，两个 14cm×17cm 的中等相框，四个 11cm×14cm 的小相框，可打造出错落有致的效果。

建筑结构形照片墙

根据楼梯建筑结构延伸设计的照片墙。例如十个相框，分别为一个 16cm×20cm、一个 14cm×17cm、三个 11cm×17cm、两个 11cm×14cm、一个 10cm×14cm、一个 10cm×10cm、一个 8cm×8cm，按照楼梯倾斜方向进行排列。

1

准备材料

　　在设计照片墙之前，应准备好相关的照片、装裱照片用的相框以及安装相框的工具等。建议在入住后再设计照片墙，一来节省人工成本，二来还能避免甲醛污染。

2

构思样式

　　应考虑好照片墙的大小和组合方式，这样才能处理好不同照片的分布问题。如果想设计成对称的组合样式，可以将相同尺寸的照片分成两组，以便安装时能分清楚。

3

安装上墙

　　将整体形状设计好后，就可以安装照片了。在安装过程中，建议先将大照片排列进去，如果是对称图形，就从中心点摆起，这样有利于拼凑形状。如果相框大而笨重，而且位置较高，则最好请专业人员进行安装，以避免出现安全问题。

4

调整间距

　　不管是哪种组合样式，都应遵循将照片之间的距离保持一致的原则，这样视觉上比较舒服，而且能形成乱中有序的装饰效果。建议将照片间的距离，保持在和学生用尺相同的宽度，测量时将尺子放到两张照片中间即可，这是简单而准确的测量方法。

5

修正照片

　　调整距离后，站到远处正视照片墙，如果看起来不舒服，或者存在比较碍眼的地方，应及时调整照片的摆放方案。此外，摆放照片时应遮住打孔的位置。

挂毯也称壁毯，一般作为室内的壁面装饰，其原料和编织方法与地毯相同。挂毯的制作，除了可以在传统栽绒地毯的工艺基础上进行，也可以借用其他编结工艺的手法，如编、织、结、绕扎、串挂、网扣等。此外，不少装饰绘画形式的挂毯，在艺术上注重形象的夸张和变形，在工艺上用栽绒、刺绣、编结等不同技法，充分发扬出了不同技法的艺术特色。挂毯的应用场景十分丰富。大型挂毯多用于礼堂、俱乐部等公共场所，而住宅空间一般以使用小型挂毯为主。无论是点缀床头背景墙，还是装点沙发背景墙，再或者悬挂在玄关处、餐厅中，都能展现出其独特的魅力。

从中世纪到启蒙运动时期，挂毯的面积都很大，足以铺满整面墙。国王和贵族们会将挂毯用在城堡里，既可以给城堡增添活力和色彩，也有保暖防寒的作用。西方现存最古老的挂毯是 11 世纪法国制作的巴约挂毯。其内容以历史战争为题材，用羊毛线和亚麻线平纹编织而成。我国使用挂毯的历史也十分悠久，自古以来，新疆、西藏和内蒙古等地就善于用羊毛编织挂毯。挂毯图案多以山水、花卉、鸟兽、人物以及建筑风光等元素为题材。

○ 以历史战争为题材的巴约挂毯

◆ 布鲁盟设计

○ 装饰挂毯是民族文化衍生而来的装饰元素，不同的制作工艺可营造出不一样的空间氛围

挂毯与室内其他布艺纺织品一样，在功能、样式、纹饰以及色调上，都必须服从空间的整体布局效果，以加强挂毯与室内各个元素之间的相互渗透。客厅是家庭日常活动的主要场所，因此挂毯的设计，既要考虑居住者本身的文化修养等情况，也要考虑挂毯所体现的精神与文化；卧室是供人睡眠或休息的地方，在其墙面上采用大面积的挂毯，不仅可以起到吸光、隔声、保温的作用，还可以静卧观赏，有利于营造开阔的视觉效果。在纹饰的选择上，可以搭配风景、植物、花卉等内容，整体色调也倾向于柔和为主，以构成卧室空间的恬静氛围。此外，由于玄关以及过道空间的面积一般较为窄小，因此在搭配挂毯时，其幅面也相对要小些，以保持人的视觉空间感。至于挂毯的纹饰，可选择抽象以及色彩强烈的内容，以起到营造视觉焦点的作用。

○ 床头墙中间的挂毯取代了装饰画的功能

○ 北欧风格餐厅墙上的几何纹样挂毯

◆ 未见 vision design

○ 卧室床头柜上方的挂毯中和了金属材质的冷感

Point

1
色彩搭配

　　简单素雅的纯色挂盘不仅仅只有白色，还有多种丰富的花色可供选择。此外，形状和大小的搭配也是值得注意的要素；青花挂盘更有年代感和文化韵味，让人感受到了中国瓷器的兴盛，但又能打破传统技艺的局限，添加富有生命力的内容；炫彩挂盘顾名思义就是颜色和图案比较大胆，类似于妆容上的"浓妆艳抹"，特别适合年轻居住者的墙面装饰；如果想拥有自己喜欢的彩色盘子，但又找不到合适的颜色，可以用手绘的方式自己动手制作。作画工具可以是马克笔，也可以用丙烯颜料，这些工具在一般的文具店都可以买到。

○ 北欧风格装饰挂盘

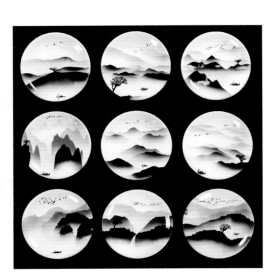

○ 新中式风格挂盘

○ 炫彩挂盘

◆ 布鲁盟设计

○ 民族风题材的装饰挂盘

○ 后现代风格装饰挂盘

◆ 筑间设计

○ 现代简约题材的装饰挂盘

○ 青花挂盘

2 设计法则

　　不同主题的挂盘要搭配相应的装饰风格，才能发挥锦上添花的作用。装饰挂盘的主题风格多种多样，如清新淡雅、活泼俏皮、简洁明艳、复古典雅、华丽繁复、个性前卫，以及浓郁民族风等。具体要结合家居空间的装饰特色进行选择。

　　挂盘本身就有随性、灵动的气质，除了盘子本身的组合可以多样化之外，其摆放空间也很灵活，不拘一格。如橱窗、层架、玄关、窗沿、门框等位置都可以尝试用挂盘装饰，制造出令人眼前一亮的视觉效果。挂盘一般都以组合的形式出现，盘子的大小、材质、形状可以不同，但挂盘里的盘饰图案要形成一个统一的主题，以免杂乱无章，破坏整体的画面感与表现力。

○ 以组合的形式出现的装饰挂盘，盘饰图案要形成一个统一的主题

安装要点

　　挂盘上墙一般有规则排列和不规则排列两种装饰手法。当挂盘数量多、形状不一、内容各异时，可以选择不规则排列方式。建议先在平地上设计挂盘的悬挂位置和整体形状，再将其贴到墙面上。当挂盘数量不多、形状相同时，可采用规则排列的手法。

　　对于比较轻的挂盘，在其背面粘上海绵胶，在盘底四周打上玻璃胶，就可以将挂盘贴在墙上了，这种方法不会损坏墙面。如果是较重的盘子，则最好在盘子下方加钉两个钉子进行固定，但这样会在一定程度上减弱美观性。此外，还可以在墙面钉上两三层搁板，然后将挂盘摆放在搁板上，只要搭配得当，同样能制造出十分美观的装饰效果。

○ 装饰挂盘不规则排列

装饰挂盘安装示意图

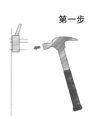 第一步

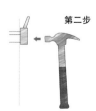 第二步

第三步

第四步

绒布窗帘

绒布窗帘立体感强、光泽度高，摸起来柔软厚实，缺点是易吸灰，难打理。绒布窗帘主要以平绒、植绒、割绒等为主。

布艺窗帘是墙面软装的有机组成部分，同时也是室内空间立面最为突出的存在。对于协调整个房间的气氛，起着重要的作用。或时尚，或优雅，或浪漫，都决定着空间的整体美感。作为家中大面积色彩体现的布艺窗帘，其颜色的体现要考虑到房间的大小、形状以及方位，并且必须与整体的装饰风格形成统一。

麻质窗帘

麻质窗帘花形凹凸，具有立体感强、色彩丰富、下垂感强以及经久耐用等优点。缺点是存在缩水问题。棉麻质窗帘都是纯天然材质，不仅环保，性价比也很高。

丝质窗帘

丝质窗帘具有天然褶皱效果，光泽度很好，薄如青纱却极具韧性，优雅高贵。缺点是不易染色，且价格较为昂贵。

棉质窗帘

棉质窗帘透气性、吸水性好，大多色泽鲜艳且花色品种较多，有利于营造温馨气氛。缺点是定型性不够、易褶皱，洗后有缩水现象。

雪尼尔窗帘

雪尼尔由不同细度的短纤维或长丝捻合而成，手感柔软，织物厚实却质地轻盈。

纱质窗帘

纱质窗帘装饰性强，透光性能好，能增强室内的纵深感，一般适合在客厅或阳台使用。由于其遮光能力较弱，因此不适合在卧室使用。

人造纤维窗帘

人造纤维面料运用广泛，功能性超强，如耐日晒、不易变形、耐摩擦、染色性佳等。缺点是吸水性较差，比较闷热不透气，手感不够柔软。

色彩搭配

如果空间中已有色彩鲜明的家具、装饰画、饰品等，可选择色彩素雅的窗帘。在所有中性色系的窗帘中，灰色窗帘是一个不错的选择。如果室内空间的色调偏中性，搭配窗帘时，可运用色彩对比的手法改变空间的视觉效果。

如果根据墙面颜色来选用窗帘的颜色，建议选择和墙面相近的颜色，或者选择比墙面颜色深一点的同色系色彩。例如浅咖色的墙面，可搭配比浅咖色深一点的浅褐色窗帘。

由于窗帘与墙面都属于大面积色块，所以根据墙面颜色选择窗帘时，须特别注意色彩的协调性。

面积较小的房间应选用不同于地面颜色的窗帘，否则会显得房间狭小。当地面与家具颜色对比度较强时，可以地面颜色为中心选择窗帘。地面颜色与家具颜色对比较弱时，可以家具颜色为中心进行选择。

○ 运用色彩对比的手法搭配窗帘，给人以强烈的视觉冲击感

○ 百搭的灰色窗帘适合多种装饰风格的室内空间

◆ 梁锦驹设计

○ 选择比墙面颜色深一点的同色系窗帘，是十分常见的搭配手法

印象空间

○ 以地面颜色为中心选择窗帘

◆ Kim.Studio 设计

○ 以家具颜色为中心选择窗帘

使窗帘与抱枕的颜色相呼应，是最安全的搭配方法。同时，像台灯这样的小物件也非常适合作为窗帘的选色来源。在卧室空间中，选择和床品颜色一样的窗帘，整体配套感会特别强。此外，窗帘也可以和地毯的颜色相呼应，但除非地毯本身也是中性色，可以按照地毯颜色做单色窗帘。否则只需让窗帘带一点这种颜色即可，切忌选择和地毯同色。

○ 窗帘的颜色可从抱枕、地毯和装饰画等软装元素中进行提取

◆ GND 设计

○ 利用台灯作为窗帘的选色来源

◆ 晶辰设计

○ 选择和床品颜色呼应的窗帘，体现整体配套感

3

纹样搭配

窗帘纹样主要有两种类型，一种是几何抽象纹样，如方、圆、条纹及其他形状；另一种自然景物图案，如动物、植物、风景等。不论选择哪一种纹样，均应秉承简洁、明快、素雅的原则。可考虑在空间中找到类似颜色或纹样作为选择方向，这样能让窗帘与整个空间形成很好的衔接。选择时应注意，窗帘纹样不宜过于琐碎，而且要考虑打褶后所呈现出的视觉效果。

如果窗帘的纹样与墙纸、床品、抱枕、家具面料等纹样相同或相近，能使窗帘更好地融入整体环境中。如果选择与墙纸、床品、抱枕、家具面料等色彩相同或相近的窗帘，而在纹样上进行差异化设计，既能突出空间丰富的层次感，又能保持相互映衬的协调性。如果家里已经放置了很多装饰画或者其他装饰品，整体空间的布置已经很丰富，那么可以考虑选择无纹样的纯色窗帘。

○ 窗帘纹样与卧室其他布艺的纹样相同，可以营造和谐一体的同化感

○ 自然风景图案

○ 窗帘色彩与空间其他布艺相同，但纹样差异化，在协调的同时可更好地突出空间丰富的层次感

─ Point
1
材质类型

壁饰是指利用实物及相关材料进行艺术加工和组合，常见的材质包括树脂、陶瓷、金属、自然材质等，不同材质与造型的壁饰能给空间带来不一样的视觉感受。树脂可塑性好，可以任意被塑造成动物、人物、卡通等形象，而且价格实惠。陶瓷壁饰大多制作精美，常见的是作为餐具的盘子，除了用来盛装食物，也可以作为墙面的装饰元素。各种颜色、图案和大小不一的盘子能够组合出不同的造型设计，非常适用于餐厅空间的背景墙装饰。金属壁饰以金属为主要材料加工而成，风格与造型可以随意定制。藤、竹以及木材等自然材质的壁饰，给人一种原始而自然的感觉，非常适合表现乡村风格的空间气息。

○ 陶瓷材质工艺品挂件

◆ 纳楼设计

○ 树脂材质工艺品挂件

◆ 布鲁盟设计

○ 自然材质工艺品挂件

◆ 明合设计

○ 金属材质工艺品挂件

第七节

壁饰

Whole
House
Wall
Decoration

2 搭配法则

　　壁饰的种类很多，形式也非常丰富，搭配时应与室内空间的氛围相协调。但这种协调并不是将壁饰的材料、色彩、样式简单地融合于空间之中，而是要求壁饰在特定的环境中，既能与室内的整体装饰风格、文化氛围协调统一，又能与室内已有的其他物品，在材质、肌理、色彩、形态等方面形成对比。通常同一个空间中的壁饰数量不宜过多，而且在布置时要注意避免在视觉上形成不协调的感觉。

○ 壁饰的色彩应注重与墙面、家具以及其他软装元素的协调性

○ 多个壁饰在布置时应遵循一定的构图原则

北欧风格空间的墙面，可使用麋鹿头造型的壁饰，以及麋鹿图样的组合装饰挂盘营造装饰焦点；而中式风格的墙面除了木雕元素外，还可搭配水墨图案或传统文化中寓意吉祥的植物花卉与动物造型的壁饰；工业风格的客厅中，常常会搭配齿轮造型的壁饰作为装饰，为空间营造出十足的复古气息。

现代风格的卧室墙面，为追求极尽的视觉效果，往往会选择现代感比较强的装饰，如造型时尚新颖的艺术品壁饰、挂镜、灯饰等。立体壁饰在不同角度拥有不同的视觉效果，而且独特的立体感可为空间增加灵动感。在现代轻奢风格的空间中，搭配金属色的壁饰，可给空间增添一份低调的华丽感。

○ 中式木雕挂件

◆ 臻晶空间设计

○ 中式风格空间中的荷叶造型挂件

○ 北欧风格空间常见麋鹿头造型的工艺品挂件

◇ 齿轮造型的壁饰表现出十足的工业风

◆ 意境设计

○ 金属色的壁饰呼应现代轻奢的主题

第六章

常见风格
墙面装饰重点

第一节

中式风格墙面装饰重点

Whole
House
Wall
Decoration

中式古典风格以传统元素为载体，将古典文化的深沉、韵味融合到现代室内空间中。在墙面装饰上，多用对称设计的手法，搭配沉稳的深色营造古朴氛围。现代中式风格是指利用新材料、新形式对传统文化进行全新的演绎。在墙面装饰中，通常将古典语言以现代手法进行诠释。在墙面材料上，除了使用木材、石材、丝纱织物外，还会搭配玻璃、金属、墙纸等现代材料。

◆ 零次方空间设计

中式风格墙面装饰要素

⊙ 大面积留白的处理

◆ 大集意巢设计

⊙ 传承古典文化的砖雕艺术

◆ 殷艳明设计

⊙ 自然温润的木饰面板

◆ 深圳大集设计

⊙ 极具民族风情的墙饰

◆ 鸣古031

⊙ 对称造型设计

◆ GNU 金秋设计

⊙ 寓意吉瑞的传统纹样

⊙ 中式传统题材的墙面装饰画

◆ 吴泽空间设计

⊙ 古典图案手绘墙纸

◆ 纳沃设计

⊙ 木花格或木格栅的应用

◆ 深圳创域设计

⊙ 硬包墙面

◆ S.U.N 设计

2
中式风格墙面造型特征

在中式风格的室内墙面上，可常见仿古窗格的装饰，不仅保持了中国传统的室内装饰艺术，还为其增添了时代感。仿古窗格形状多样，有正方形、长方形、八角形、圆形等，同时，雕刻图案内容也多姿多彩，中国的传统吉祥图案都能在其中找到。在实际运用时，一般会把窗格贴在镜面或玻璃上，并且以左右对称的造型设计为主。

古典图案的手绘墙纸是中式风格墙面永远不会过时的装饰元素，常被运用在沙发背景墙、床头背景墙以及玄关区域的墙面。在绘画内容上，除了水墨山水、亭台楼阁等图案外，还可常见花鸟图案。美好的寓意、自然的文化气息、诗情画意的美感瞬间点亮整个空间。

○ 仿古窗格与镜面结合设计的造型，是传统与现代的完美融合

○ 极具古典气息的手绘墙纸以其独特的韵味传达着中式文化底蕴

○ 竞相开放的鲜花以及展翅飞翔的小鸟，组成了一幅极为生动的画面

○ 仿古窗格搭配梅花图案的手绘墙纸，透露出中式文化的古典韵味

中式风格的墙面一般会选择使用布艺或者无纺布硬包作为装饰，不仅可以增添其空间的舒适感，同时视觉上的柔和度也更强一些。此外，还可以在中式风格的空间使用刺绣硬包装饰墙面。刺绣所带来的美感，积淀了中国几千年的文化传统，以流畅的线条勾勒花纹的外形，搭配高超的绣花技术，再经过科学的设计，不仅实用而且装饰效果十分出众。

○ 水墨山水图案刺绣硬包

○ 浮雕刺绣硬包更具立体效果

木饰面板全称装饰单板贴面胶合板，它是将天然木材或科技木刨切成一定厚度的薄片，黏附于胶合板表面，然后热压而成的一种饰面材料。在中式风格中，木饰面板常运用在电视背景墙或卧室床头墙等区域，大面积铺设后，装饰效果十分震撼。选择光泽度好、气质淡雅、纹理清晰的木饰面板作为墙面装饰，有助于突显出中式风格优雅端庄的空间特点。如酸木枝、黑檀、紫檀、沙比利、樱桃木等木饰面板都是很好的选择。

○ 大面积木饰面板的运用，体现出中式传统文化追求古朴自然的特点

○ 浅色木饰面板搭配白色墙面，让淡淡的禅意在空间中蔓延

中式风格墙面软装节点

吉祥纹样是中式风格装饰艺术中极具魅力的一部分，因此常作为艺术设计元素，广泛应用于室内装饰设计中。如使用回纹纹样的装饰线条装点墙面空间，不仅大方稳重，不失传统，还能让室内空间更具古典韵味。

◆ 程明设计

○ 花开富贵是中国传统吉祥图案之一，代表人们对美满幸福生活、富有和高贵的向往

○ 回纹纹样是中式风格墙面极为典型的装饰要素之一

○ 在中式传统文化中，孔雀具有高贵圣洁、富丽堂皇、吉祥幸福的寓意

在中式风格的室内墙面上设计大面积的留白，不仅体现出了中式美学的精髓，还透露出了中式设计的淡雅与自信。此外，将留白手法运用在新中式风格的墙面设计中，可减少空间的压抑感，并将观者的视线顺利转移到被留白包围的元素上，从而彰显出整个空间的审美价值。

○ 松柏纹样取其能顶风傲雪、四季常青的特征，寓意长寿

◆ 徐树仁 设计

○ 大面积留白的处理给人留下遐想的空间，更强调了艺术意境的营造

国画是中国的传统绘画形式，主要以毛笔作画，其绘画题材一般以人物、山水、花鸟等为主。在绘画的手法上，有写意和具象两种，非常适合运用于中式古典风格的墙面装饰。此外，字画、骏马图和江南风景山水画等，都能够很好地体现中式风格的装饰特点。有些中式风格的装饰画篇幅较大，会以拼贴的方式进行展示，例如春夏秋冬一整个系列的装饰画常以套系的方式呈现。

新中式风格装饰画的选择，应与室内的整体陈设以及空间形状相呼应，并根据挂画区域的大小，选择对应的画框形状与数量。水墨画或带有中式元素的组合画，能起到点化空间的作用。此外，还可以选择完全相同或主题成系列的山水、花鸟、风景等装饰画装点新中式风格的墙面空间。

◆ 盘石设计吴文植

○ 拼贴方式展示的组合画

○ 留白的青花图案装饰画

◆ 毅勇设计

○ 单幅悬挂的水墨山水画

◆ IDEAL 陈设艺术

○ 山水图案装饰画

手工工艺制作的陶瓷材质装饰挂盘，不管将其悬挂在墙上还是摆在橱窗里、玄关台上，都是一道美丽的风景。寥寥几笔就带出浓浓中国风，简单大气又不失现代感。此外，也可以用青花瓷作为墙面装饰，如果再加以青花花器或者布艺装饰点缀一二，其装饰效果更佳。

◆ DEAL 艾迪尔设计

○ 利用挂盘设计的装置艺术

挂件是室内墙面常见的装饰元素，中式风格的墙面挂件，应注重整体色调的呼应、协调。沉稳素雅的挂件色彩，符合中式风格内敛、质朴的气质。在选择组合型墙面挂件时，应注意各个单品的大小与间隔比例，并注意平面的留白。大而不空的挂件装饰，能让中式风格的空间显得更有意境。

荷叶、金鱼、牡丹等具有吉祥寓意的挂件，一般作为新中式空间的墙面装饰居多；木雕花挂件极具民族风情，可体现出中国传统文化的独特魅力；扇子是古时文人墨客的一种身份象征，悬挂在墙面上，有着吉祥的寓意。圆形扇子搭配流苏和玉佩，也是装饰中式墙面的极佳选择；梅花镜是中式风格墙面常使用到的装饰元素，不仅富有禅意，而且能在空间里营造宁静自然的感觉；挂钟在现代中式风格墙面的运用中极为普遍，其材质以原木为主，透过厚重的实木质感，体现出中式文化的深厚底蕴。在挂钟色彩上，红檀色、原木色等都是很好的搭配。

除了具有传统中式特色的挂件外，还可以适当点缀一些现代风格或富有其他民族特色的饰品，不仅能增加空间的灵动感，还可以让中式风格的室内空间产生不同文化的对比，使人文气息显得更加浓厚。

◆ 李益中空间设计

○ 带流苏的扇子挂件

○ 梅花镜

◆ 王锐设计

○ 木雕艺术挂件

◆ 鸣石设计

○ 荷叶、金鱼造型的陶瓷挂件

电视背景墙的中间部分采用手绘墙纸结合中式回纹线条作为装饰，让空间更显中式韵味。为了使回纹线条不影响手绘墙纸图案的连续性和延展性，应先铺贴好装饰手绘墙纸，再安装回纹线条。在回纹线条起到点缀效果的同时，也要考虑整体的比例大小，其宽度不宜过宽，一般在30~40mm 之间较为合适。

客厅背景墙采用壁画、中式护墙板以及雕花元素的组合，凸显出繁而不乱的优雅气息。电视背景墙上的门洞通过与护墙板的对称处理以及统一材质的装饰，巧妙隐蔽起来，让空间显得更加完整。

黑胡桃色护墙板在安装前，应先用12mm 多层板进行打底，中式雕花应采用胶水加气钉的方式进行固定。由于护墙板和隐形门是对称关系，所以护墙板的周围须采用门线条进行装饰。

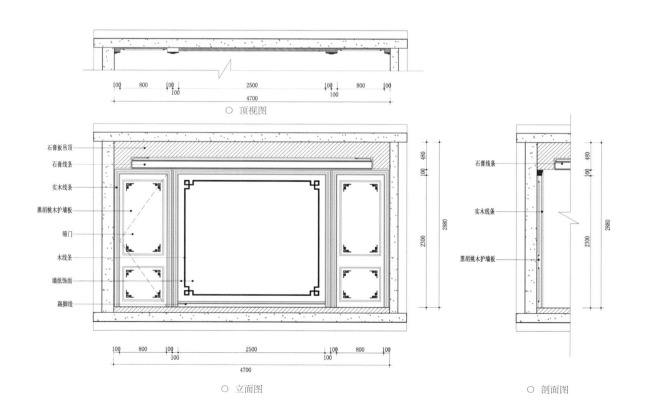

○ 顶视图

石膏板吊顶
石膏线条
实木线条
黑胡桃木护墙板
暗门
木线条
墙纸饰面
踢脚线

石膏线条
实木线条
黑胡桃木护墙板

○ 立面图

○ 剖面图

电视墙采用装饰护墙板结合线条描边，凸显空间的层次感以及浓郁的中式韵味。由于客厅是挑高空间，所以护墙板需要分段安装。一般情况下，可根据楼板的位置居中划分为三段，建议采用中间窄，上下长的比例搭配。

在中式护墙板上增加描边线条，并在四个角的拼接处采用凹角方式，更具中式品位。小于12mm的线条建议采用金属材质或者用深色涂料进行描边，因为过细过长的线条除了容易变形之外，在运输安装过程中也更容易折断。

在中式风格的空间中，对称的手法运用较为普遍。白色护墙板结合素色墙纸，呈现出了一个左右对称的装饰背景。白色护墙板须采用12mm多层板打底，铺贴墙纸前，须采用专用基膜进行刷涂，待干透后才可铺贴。

◆ 曹容设计

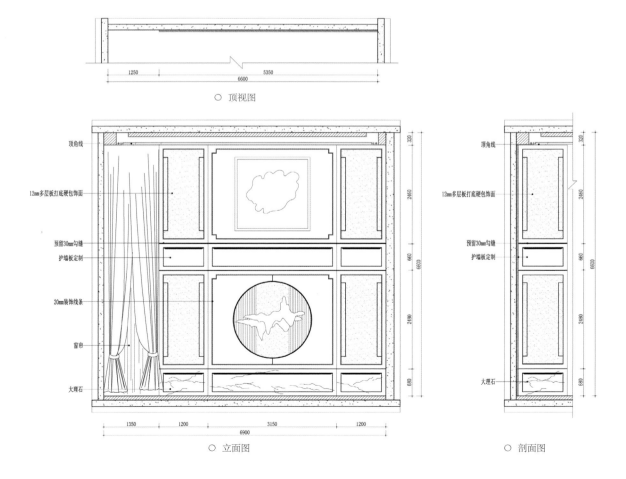

○ 顶视图

○ 立面图

○ 剖面图

背景墙两侧外凸并安装了灯带，烘托出整个装饰背景的立体感与线条感。对称的屏风采用个性定制的雕花造型，由于线条比较细小，须用铁艺材质进行加工定制才可防止受潮变形。

背景墙的两侧外凸，其截面采用深色线条收口，呼应整体空间的同时，增加了层次感。深色线条可采用与屏风相同材质的金属线条，或与家具相近的实木线条。线条的宽度可根据截面墙的宽度选择，建议50~60mm 为宜。

背景墙中间部分采用凸出墙面 50~60mm 的设计，施工时先用石膏板打底，并预留出镶嵌不锈钢线条的位置。下部铺贴人造大理石的位置采用了 12mm 多层板打底，让两者的结合面正好平整。

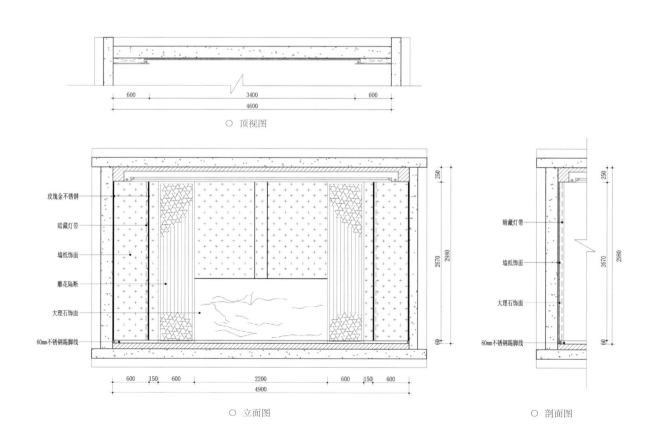

○ 顶视图

玫瑰金不锈钢
暗藏灯带
墙纸饰面
雕花隔断
大理石饰面
60mm不锈钢踢脚线

暗藏灯带
墙纸饰面
大理石饰面
60mm不锈钢踢脚线

○ 立面图

○ 剖面图

背景墙上局部采用了天然纹理的大理石进行点缀。施工时须多层板打底加大理石胶铺贴，由于是铺贴在最里面一层，所以其施工顺序是先打底，把大理石铺贴好之后再铺贴表面的墙纸。

沙发背景墙采用墙纸、大理石与玫瑰金不锈钢线条的组合，在方圆中呈现新中式之美。为了整体的造型需求，沙发背景墙整体外凸，并采用木龙骨做基础，在铺贴大理石的位置采用多层板打底，铺贴墙纸的位置则采用石膏板打底。中间的圆形造型须用多层板放样后，手工锯出圆弧，然后用石膏板贴在表面。注意制作圆弧形的灯带需要采用软灯带，不能采用T5灯管。

在背景上镶嵌玫瑰金不锈钢条，根据设计图纸的划分，需要在做外凸墙面时，预留好至少一层板厚度的缝。由于玫瑰金不锈钢线条比较细，所以尽量采用平口拼接的方式，其宽度建议控制在35mm左右。

◆ 曹春设计

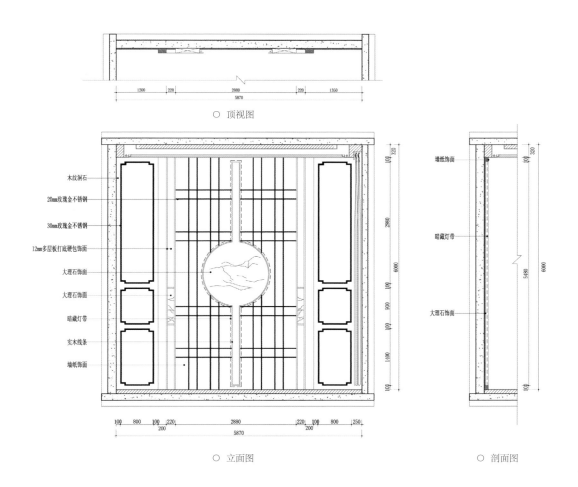

○ 顶视图

木纹洞石
20mm玫瑰金不锈钢
30mm玫瑰金不锈钢
12mm多层板打底硬包饰面
大理石饰面
大理石饰面
暗藏灯带
实木线条
墙纸饰面

墙纸饰面
暗藏灯带
大理石饰面

○ 立面图

○ 剖面图

　　欧式风格一般可分为古典欧式风格与简约欧式风格。古典欧式风格的室内色彩比较深沉，线条相对复杂，整体显得奢华大气。简约欧式风格虽然会保留古典欧式风格的一些元素，但更偏向简洁大方的装饰手法，而且会在设计中融入现代元素。欧式风格的墙面装饰材料选择较为多样，给人端庄典雅、高贵华丽的感觉，富有浓厚的欧洲文化气息。

○　简约欧式风格的墙面装饰

○　古典欧式风格的墙面装饰

欧式风格墙面装饰要素

◉ 软包铺贴造型

◆ 屈金波设计

◉ 车边镜的应用

◆ 邓学坤设计

◉ 造型浪漫的欧式床头帘

◉ 罗马柱装饰造型

◆ 晶拓设计

◉ 木质或大理石墙板

◉ 雕花镀金边框的装饰画

◆ 同心同盟设计

⊙ 雕花元素呈现细节美感

⊙ 自带优雅曲线的太阳轮壁镜

⊙ 以壁炉为中心的墙面造型

⊙ 欧式古典纹样装饰

欧式风格墙面造型特征

由于欧洲地处北半球偏北，气候较为寒冷，因此在室内利用壁炉取暖便成了欧式风格中极为经典的特色。壁炉的原有作用是取暖，而在现代室内设计中，则更多用于装饰，不具备实用功能。这在一定程度上解放了壁炉的设计样式与材质，因此石膏、大理石、实木材质、砖体结构等多种类型的壁炉便应运而生。一般情况下，壁炉以完整的墙面为背景居多。此外，利用墙面拐角处的空间设计壁炉，也能取得意想不到的装饰效果。

◆ 品川设计

○ 大理石壁炉

○ 石膏壁炉

软包常用于欧式风格室内的电视背景墙、沙发背景墙、卧室床头墙以及餐厅主题墙等多处空间。装饰时通常会将软包设计成菱形或块形进行规律的排列，并在四边搭配金漆实木线条或金属线条作为收口，使软包的设计更具美感。如选择皮质软包做装饰，须注意目前市场上绝大部分的皮质面料都是 PU 制成。在选择 PU 面料时，最好挑选亚光且质地柔软的类型，因为太过坚硬容易产生裂纹，甚至会发生脱皮的现象。

○ 新古典风格空间中黑白色的佩斯利纹样墙纸

○ 深色软包背景墙与白色的床头形成对比，凸显纵深的立体感

◆ 李金设计

○ 紫色的软包背景墙体现欧式风格卧室空间雍容华贵的设计主题

墙纸是欧式风格墙面最为常用的装饰材料，而且其图纹样式十分丰富，其中以大马士革纹样最为常见。简欧风格墙纸的图纹样式，通常是遵循古典欧式的元素来设计的，但没有古典欧式那种偏近奢华、繁复的花纹。整体所呈现出的感觉清新而典雅，并且能给空间带来更多的现代时尚感。

○ 法式田园风格空间中的朱伊纹样墙纸

护墙板是欧式风格空间常见的墙面装饰材料，其中实木护墙板的质感非常真实与厚重，与欧式风格的气质极为搭配。简欧风格与新古典风格的墙面，常用白色护墙板勾勒欧式典雅的艺术美感。如追求强烈的墙面装饰效果，还可以选择使用自然花纹更为丰富的大理石护墙板。此外，简欧风格的墙面经常会对护墙板做一些变化。如将内心去掉，只保留它的边框，中心部分则会搭配墙纸、软包或镜面材质进行装饰。

○ 大理石护墙板增加了欧式风格空间的品质感，优雅而高贵

○ 简洁的护墙板造型用木制墙板做边框，中间部分铺贴墙纸

○ 现代欧式风格空间中常用白色护墙板，显得更为简洁大气

欧式新古典风格常在空间中使用镜面材质，包括银镜、茶镜、黑镜等。在镜面造型上，有车边镜、菱形镜等。其中车边镜又称装饰镜，常用于客厅、餐厅、卫浴间等区域的墙面。不仅可以增强家居的时尚感及灵动性，而且在视觉上延伸了室内空间。

欧式风格的墙面除了可以运用乳胶漆、石材、墙纸、木饰面板等材质，还可以用线条做装饰框架。框架的大小应根据墙面的尺寸按比例均分。线条装饰框的款式有很多种，搭配复杂的款式可以提升整个空间的奢华感。在色彩上，可以刷成跟墙面一样的颜色，也可以保留原线条的白色，具体应根据整个空间的色彩来定。需要注意的是，线条装饰框要在水电施工前设计好精确尺寸，以避免后期面板的位置与线条发生冲突。

○ 线条装饰框丰富墙面的立体感

○ 欧式风格的餐厅空间墙面铺贴菱形镜，装饰的同时扩大视觉空间

○ 车边镜的墙面与软包顶面形成质感上的对比，让空间的装饰性更加丰富

○ 金色雕花线条装饰框增加空间的华贵气质

欧式风格墙面软装节点

欧式古典风格的装饰画，通常会选择复古题材的人物或风景内容。如一些古典气质的宫廷油画、历史人物肖像画、花卉以及动物图案等，色彩明快亮丽，主题传统生动。如果让装饰画的色彩跟其他软装配饰互相呼应，还可以使空间更加流畅、精致。装饰画的画框，可选择描金或者金属加以精致繁复的雕刻，从材质、颜色上与家具、墙面的装饰相协调。采用金色画框显得奢华大气，银色画框沉稳低调。通常厚重质感的画框对古典油画的内容、色彩可以起到很好的衬托作用。

◆ 同心同盟设计

○ 墙面装饰画的画框与描金雕花的沙发边框形成呼应

挂钟是欧式风格墙面的常见装饰，最早由塔钟演变而来。欧式风格的挂钟以实木或树脂为主，实木挂钟稳重大方，而树脂材料则更容易表现一些造型复杂的雕花线条。欧式挂钟的钟面常常偏复古风，米白色的底色中会加入线构的暗纹表现古典质感。

○ 风景或人物题材的油画是欧式风格墙面的常见选择

○ 欧式风格挂钟

除挂钟外，装饰挂镜在欧式风格墙面上的运用也极为普遍。装饰挂镜常搭配雕刻繁复、精致华贵的边框，造型上多以圆形为主，象征太阳和太阳神。太阳造型的装饰镜自身带有优雅的曲线，所展现出的灵动感使其装饰效果更为强烈。

◆ 菡羽设计

◆ 朗昇空间设计

◆ 牧杉室内设计

○ 欧式风格装饰挂镜

◆ 曹睿设计

欧式风格中的电视背景墙，常用壁炉造型进行装饰。这类壁炉可采用木工板打底，大理石饰面后再加大理石线条进行点缀。也可采用白色模压板饰面加实木线条点缀的方式进行设计。本案中采用的是白色模压板饰面。壁炉的立体感塑造在于线条的层次，通常外凸线条建议选择 120~150mm 的尺寸。

考虑到要在壁炉造型内放电视机，所以壁炉的高度建议不低于 1800mm。可根据沙发的坐高来调整电视机的高度，以便确保电视机的观看舒适度。

电视背景墙采用了护墙板结合墙纸的形式。在批嵌完腻子并将其打磨平整后，再涂上墙纸专用基膜，待干透后便可进行墙纸的铺贴。

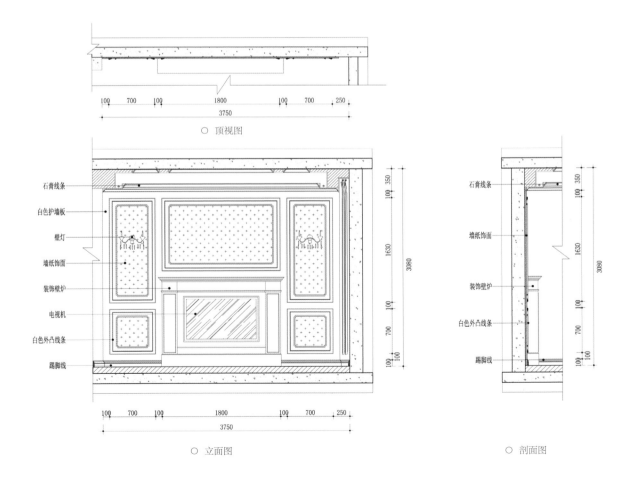

○ 顶视图

○ 立面图

○ 剖面图

背景墙采用护墙板和软包结合的设计，让空间更有层次感。在用护墙板做墙面装饰时，其净高不宜超过 2400mm，如超过这个高度，须采用断开拼接或者分段造型的方式进行设计。

为丰富整体的装饰背景，护墙板两侧采用圆弧线条，衬托外凸圆形雕花进行设计。定制圆弧线条须注意尺寸比例的大小，建议现场放样后再进行加工定制，以确保整体的比例协调。

拉扣式软包建议采用厚度不低于 40mm 的高密度海绵加软包型材进行定制。格子的大小须根据所装饰背景的比例大小进行排版后再制作，软包的钉扣须用加长钉子加固，以保证安全性。

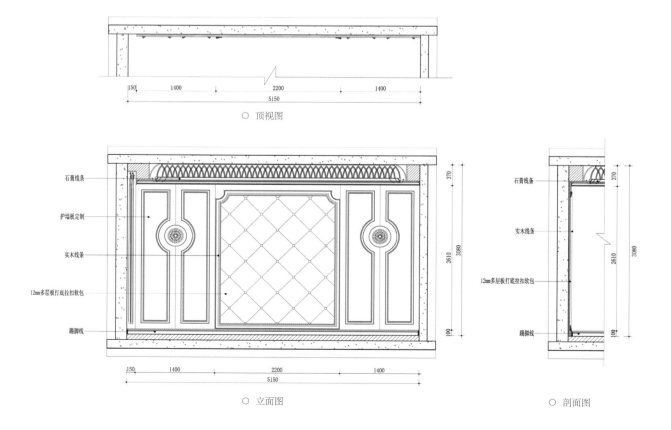

○ 顶视图

石膏线条
护墙板定制
实木线条
12mm多层板打底拉扣软包
踢脚线

○ 立面图

石膏线条
实木线条
12mm多层板打底拉扣软包
踢脚线

○ 剖面图

挑高的欧式风格客厅背景，采用了壁炉与装饰罗马柱相结合的设计形式。如果将两侧是窗户的墙面作为客厅主背景，可采用对称外凸的罗马柱与窗户进行层次分割，让整体背景更有层次感。

由于装饰罗马柱过长，所以需要分段加工。建议尽量不要采用两段对半分，分三段加工安装较好，这样接缝处可以避开平行视线。安装时，须采用大理石专用胶粘贴在木工板上进行固定。

欧式风格背景墙采用壁炉作为装饰较为常见。如果壁炉既要用于悬挂电视机，又要满足取暖的功能需求，其整体高度须比普通壁炉略高。在挑高空间中，壁炉的高度建议在2400~2600mm之间较为合适。电视机应摆放在炉芯上方，高度须考虑沙发的座高，且电视机的尺寸应根据壁炉的宽度进行采购。此外，插座以及线路的排布，应预留在电视机所能掩盖的范围内。

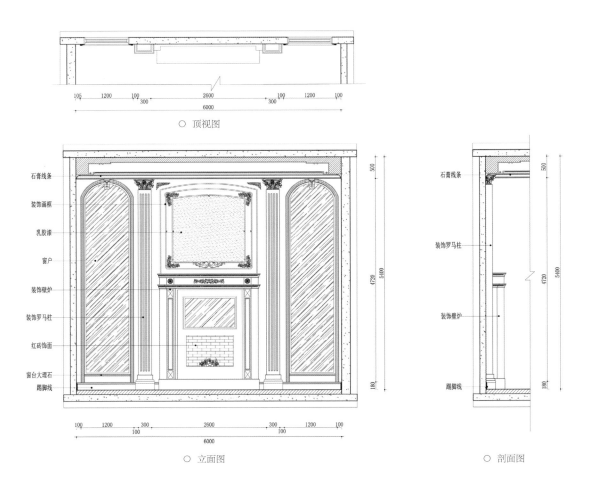

○ 顶视图

○ 立面图

○ 剖面图

由于背景面积有限，所以大理石壁炉采用分层次的形式来凸显精致感。在壁炉内凹处，须采用内倒45°角的形式进行拼接。让大理石板面与板面之间、线条与线条之间的衔接更加精细，从而提升整体装饰品质。

大理石护墙板在加工定制时，其表面须结合线条的点缀以凸显层次感。此外，大理石线条还有修饰大理石板面的作用。如遇到大理石护墙板的面宽小于墙面宽度时，可以把接缝设在大理石线条处，这样既让大理石板面没有色差，还具有很好的装饰效果。

采用大理石线条作为门套线时，通常建议线条的宽度在120~150mm之间。当门套线条与背景墙的装饰产生冲突时，应采用缩小线条的方式，但注意要与背景墙形成呼应。

◆ 曹睿设计

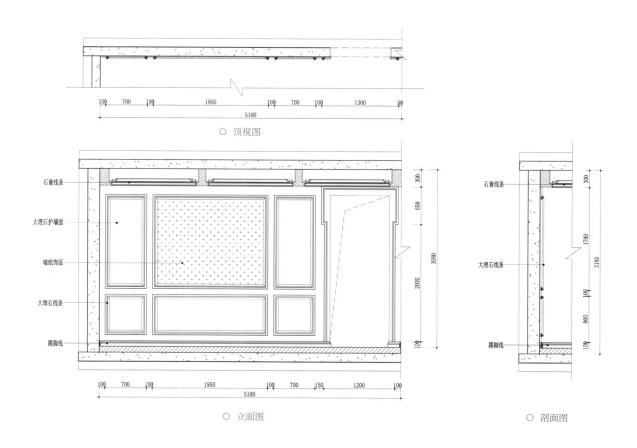

○ 顶视图

石膏线条
大理石护墙面
墙纸饰面
大理石线条
踢脚线

○ 立面图

石膏线条
大理石线条
踢脚线

○ 剖面图

◆ 曹睿设计

在卧室床头背景墙采用护墙板结合软包的装饰形式，既能提升空间品质，同时还可以通过软包渲染卧室的温馨氛围。安装时，由于软包比护墙板的厚度更大，须用木线条进行收口，收口线条的宽度建议控制在 100~150mm 较为适宜。

通常情况下，护墙板可以定制成品或者现场制作，其厚度一般在 12mm。如护墙板需要有外凸的实木线条进行区分层次，其线条的宽度尺寸建议在 35~50mm 之间较为合适。

欧式风格的卧室床头背景墙两侧通常会安装壁灯进行装饰。根据卧室的层高，建议将壁灯的高度设在 1750~1850mm 之间，这样可以让观感更为舒适。

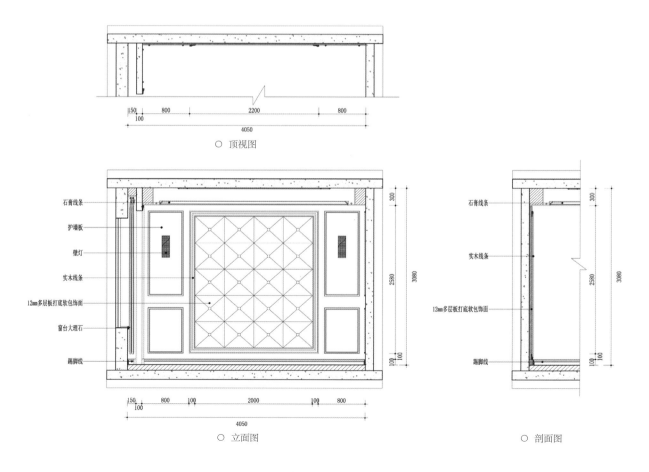

○ 顶视图

石膏线条
护墙板
壁灯
实木线条
12mm多层板打底软包饰面
窗台大理石
踢脚线

石膏线条
实木线条
12mm多层板打底软包饰面
踢脚线

○ 立面图

○ 剖面图

现代风格分为波普风格、后现代风格、港式轻奢风格、现代简约风格等。现代风格的室内空间墙面通常不会过于强调材质肌理的表现，而更注重几何形体和艺术印象。在材料的搭配上，从传统材料扩大到了玻璃、金属以及合成材料，并且非常注重环保与材质之间的和谐与互补。将这些材料有机地搭配在一起，可营造出传统与时尚相结合的现代空间氛围。

◆ 聚舍联合设计

现代风格墙面装饰要素

⊙ 现代几何纹样的应用

⊙ 马赛克拼花的艺术之美

◆ 境象设计

⊙ 镜面材料扩大空间感

⊙ 高级灰色彩的应用

⊙ 不规则造型

◆ NWCD 设计

⊙ 金属线条营造轻奢感

⊙ 利用墙面制作收纳柜

⊙ 抽象图案装饰画

⊙ 仿石材墙砖铺贴造型

◆ 以勒设计

○ 现代轻奢风格空间中常见镜面、金属等装饰元素

– Point
2
现代风格墙面造型特征

　　在面积相对较小、较封闭的现代风格空间中，巧妙地运用镜面材质能够起到延伸视觉空间的作用。设计时，如果在墙体表面设置镜面，须搭配其他材料进行收口处理。

　　现代轻奢风格的室内空间少不了镜面装饰，然而镜面的安装是有要求的。如果镜面的面积过大，在施工过程中不宜直接贴在原墙上，因为原墙的面层无法承受镜面的重量，粘贴不牢固，钉在墙面又不美观，所以一般会先在墙面打一层九厘板，再把镜面用硅胶粘贴在九厘板上。

　　玻璃材料的现代感十足，可选择的种类也很多。但是用玻璃材料装饰墙面一定要计算好拼缝的位置，最好能巧妙地把接缝处理在造型的边缘或者交接处。此外，玻璃的高度最好不要超过2.4m，超过这个尺寸的玻璃一般需要进行特殊定制。

　　有些现代风格会在卧室与卫浴间之间设计玻璃隔断墙，做成透明卫浴的形式，增加了两个区域的空间感。在设计玻璃隔断时，最好用10mm以上的钢化玻璃，以保证后期的使用安全。

○ 利用大幅镜面无形中消除了餐桌靠墙带来的压迫感

○ 利用玻璃隔断增加室内的通透感，安装时应注意牢固度

马赛克拼花在现代风格的室内环境中，具有非常好的装饰效果。而且可在墙面上拼出自己喜爱的背景图案，让整个空间充满时尚与个性气质。马赛克拼花利用不同的像素以及图中的每一个色彩点，拼接出各种不同效果的图案，将其应用在墙面上，能够起到很好的装饰效果。

现代风格的空间中，经常会碰到无法移位的门洞出现在主背景墙上，隐形门的设计就能很好地处理这种问题。设计时可将隐形门跟背景融为一体，利用墙纸、同色油漆、木饰面板、软包、书架等进行装饰。既能让主背景墙面形成一个完整的视觉效果，同时也保留了门在空间结构上的作用，可谓一举两得。需要注意的是，在设计隐形门时，应处理好门和墙面留缝的对称性，以便达到美观的整体效果。

◆ 沈健设计

○ 隐形门特别适用于宽度不够的背景墙，可从视觉上延伸墙面的宽度

○ 常见的马赛克拼花艺术

○ 大幅马赛克拼花的墙面带来令人震撼的视觉效果

○ 隐形门的色彩、材质与墙面形成一体，使小空间形成很好的整体感

金属线条是指利用金属薄片弯曲而成的装饰线条，其截面框线有多种形状，有的是直角线条，有的为弧形线条。金属线条常见的颜色有银色、玫瑰金、香槟金、黑钢、钛金、古铜色等。色彩多样的金属线条，能为室内空间带来丰富的装饰效果。

在偏轻奢感的现代风格空间中，如果将金属线条镶嵌在墙面之上，能带来强烈的现代感，并在视觉上营造极强的艺术张力。此外，还可以突出墙面的竖向线条，增加空间的立体效果。同时，其独特的金属质感能给现代风格空间加分不少。

◇ 墙面的钛金纵向线条与天花板阴角线、阳角线平行起落，立体感和层次感油然而生

◆ 餐厅空间运用金色线条勾勒出简洁利落的流线美感，给人以独特的视觉感受

仿石材墙砖不仅具有天然石材的装饰效果以及瓷砖的优越性能，而且还摒弃了天然石材的各种缺陷。如天然的石材砖虽然非常美观，但使用久了会出现氧化变色等情况，其保养的难度会比较大，而仿石材墙砖就很好地避免了此类问题。不仅花纹质感很接近天然石材，同时也更容易施工，因此是现代风格墙面装饰的极佳选择。

○ 仿石墙砖保留着天然石材的纹理，具有天然石材自然的触感和装饰效果

○ 仿石墙砖在花色的强调、图案的制作及印制上都极为讲究

3
现代风格墙面软装节点

现代风格的装饰画内容选择范围比较灵活，如抽象画、概念画以及科幻题材、宇宙星系等题材都可以尝试。在色彩的搭配上，多以黑白灰三色为主，同时也可以选择带亮黄、橘红的装饰画，以起到点亮视觉、暖化空间的作用。

现代轻奢风格的空间于细节中彰显贵气，抽象画的想象艺术能更好地融入这种矛盾美的空间里。既可以在墙上挂一幅装饰画，也可以把多幅装饰画拼接成大幅组合，制造出强烈的视觉冲击。轻奢风格的装饰画画框，以细边的金属拉丝框为最佳选择。此外，最好能让画框与同样材质的灯饰和摆件进行呼应，给人以精致奢华的视觉体验。

波普风格的家居空间常通过塑造夸张的、大众化的、通俗化的图案展现其装饰艺术。因此，其强烈、明朗、浓烈的色彩充斥着大部分画面。此外，还会采用重复的图案、鲜亮的色彩，渲染大胆个性的空间氛围。

◇ 波普风格的装饰画具有图案重复、色彩鲜亮的特点

○ 抽象画的想象艺术完美体现出了现代风格的设计特点

○ 现代简约风格空间常见黑白灰三色为主的装饰画

◆ 深圳市建筑装饰

○ 多块小镜子组合的装饰镜凸显浓郁的个性气息

现代简约风格空间内的软装饰品相对比较少。此外，由于其空间侧重于元素之间的协调对话，因此在选择挂件时更注重意境的刻画。挂钟、挂镜以及照片墙等元素，都是现代简约风格墙面的常见装饰。现代简约风格的挂钟外框以不锈钢居多，钟面色系纯粹，指针造型简洁大气。装饰镜不但有延伸视觉的作用，还可以凸显时尚气息，其中不规则状的装饰镜特别适合运用于现代简约风格的空间中，也可以用多块小镜子进行组合搭配，让装饰效果显得更加活泼。

◆ 子时国际设计

○ nomon 挂钟不仅是一个生活实用品，更是一个艺术品

○ 呈不规则排列的墙面挂件让轻奢风格空间呈现出高级的品质感

现代轻奢风格的空间在选择装饰挂件时，数量不能过多。选择一些造型精致且富有创意的装饰挂件，有助于提升轻奢家居墙面的装饰品质。此外还可以运用灯光的光影效果，赋予挂件充满时尚气息的意境美。

后现代风格常用黑色搭配金色来打造酷雅、奢华的空间格调，其中金色的金属饰品占据了较大比例。金色墙面挂件搭配同色调的烛台或桌饰，可营造出典雅尊贵的空间氛围。在使用金属挂件时，可添加适量布艺、丝绒、皮草等软性饰品来调和金属的冷硬感。

○ 后现代风格空间中常见造型夸张的金属挂件

4
现代风格墙面工艺解析

◆ 布鲁盟设计

墙面应先进行腻子批嵌，干透后打磨平整，再涂刷墙布专用基膜后 1~2 天方可铺贴墙布。由于墙面需要内嵌不锈钢线条进行点缀，建议采用 9mm 多层板打底，然后用石膏板做面层预留出不锈钢缝。定制的不锈钢线条，可在铺贴完墙布后直接用硅胶安装。

背景墙为了更好地营造层次感，采用了大线条套小线条的叠合设计。建议将两侧边框的线条宽度控制在 30~45mm 之间，中间小线条的宽度则为 15~20mm 较为适宜。

由于壁灯处于空间的动线上，因此不宜选择外凸太大的灯体造型。此外，壁灯距离地面的高度不应小于 1600mm，通常建议在 1780mm 左右较为合适。

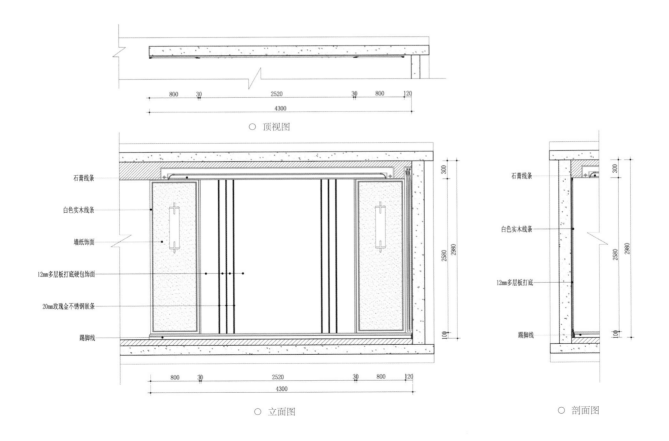

○ 顶视图

石膏线条
白色实木线条
墙纸饰面
12mm多层板打底硬包饰面
20mm玫瑰金不锈钢嵌条
踢脚线

○ 立面图

石膏线条
白色实木线条
12mm多层板打底
踢脚线

○ 剖面图

电视背景墙采用爵士白大理石搭配胡桃木饰面的组合设计，形成深浅色的强烈对比。两者在施工时均须采用12mm多层板打底。由于爵士白大理石的板材宽度有一定的局限，在大面积使用时，须进行拼接安装。因为电视机采用内嵌式，所以拼接处可根据内嵌框的边缘进行分割。

为了增加空间的纵深感，在背景墙处装饰灰镜并加以灯带进行装点。为保证空间的温馨感，灯带建议采用色温3800K的T5灯光，另外灰镜控制在450mm以内的高度为宜。

大理石地台施工时须先用木工板打底，两个面的石材在拼接时，应采用45°的拼角方式。地台完成后的高度一般在120~150mm之间较为适宜。

◆ 曹春设计

为了能让装饰背景更加美观，采用木饰面板做暗门时，须通过工厂定制有裁口的专用门，并对定制的免漆木饰面板用万能胶进行粘贴。由于木饰面板的高度一般不超过2400m，当墙面高度超过2400mm时，须对木饰面板进行留缝拼接。

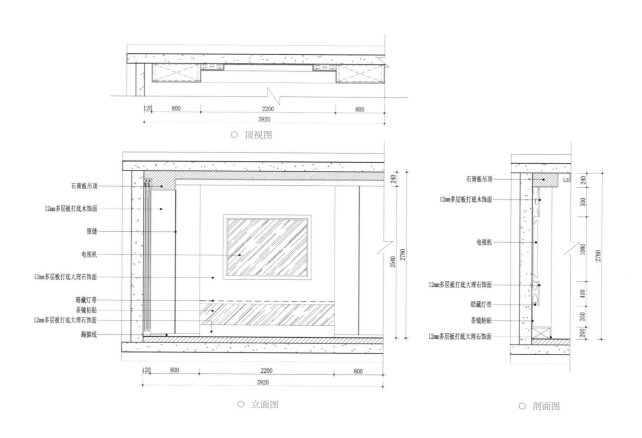

○ 顶视图

石膏板吊顶
12mm多层板打底木饰面
留缝
电视机
12mm多层板打底大理石饰面
暗藏灯带
茶镜粘贴
12mm多层板打底大理石饰面
踢脚线

120 800 2200 800
3920

240
2540
2780

○ 立面图

石膏板吊顶
12mm多层板打底木饰面
电视机
12mm多层板打底大理石饰面
暗藏灯带
茶镜粘贴
12mm多层板打底大理石饰面

240
500
1080
410
350
200
2780

○ 剖面图

床头背景墙的护墙板宽度须根据床靠背的宽度来预留尺寸，在条件允许的情况下，其两侧最好留出比床靠背宽 50~80mm 的距离。

现代轻奢风格的卧室床头背景墙，采用了护墙板结合镜面的设计，让狭小的卧室在镜面的反射作用下，显得通透明亮。在定制镜面时，建议先把边框的线条做好，然后再根据线条内框的尺寸定做镜面，这样可以让镜面和线框贴合得更为紧密。此外，在背景墙面积不大的情况下，线条的宽度建议控制在 40~60mm 之间为宜。

床靠背的两侧是镜面装饰，而两侧开关插座需要在镜面上开孔安装。但镜面是易碎物品，所以一般是先将镜面运至现场后，再根据开关插座的高度及位置进行画线开孔。镜面开孔时的破碎风险较高，应尽量采用圆洞开孔的方式，开孔直径一般在 60mm 左右。此外，开关插座的安装需要采用加长螺丝进行固定。

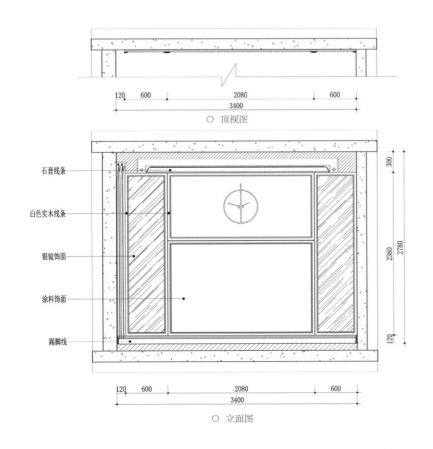

石膏线条
白色实木线条
银镜饰面
涂料饰面
踢脚线

120　600　2080　600
3400

○ 顶视图

300
2360
2780
120

120　600　2080　600
3400

○ 立面图

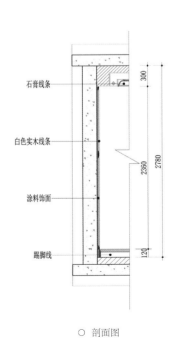

石膏线条
白色实木线条
涂料饰面
踢脚线

300
2360
2780
120

○ 剖面图

现代风格的客厅背景墙采用硬包与镜面结合的装饰方式，不仅增加了空间的视觉延伸，而且通过镜面折射，间接增加了空间的自然采光。不管硬包还是镜面都须先用12mm多层板打底，其安装过程为：先安装镜面，然后用玫瑰金不锈钢线条进行收口，最后安装硬包。玫瑰金不锈钢线条不仅满足了两个不同材料的衔接与收口，还增加了空间的品质感。

◆ TRD 设计

当高度超过2400mm的墙面需使用镜面作为装饰背景时，应采用拼接的方式进行安装。同时，镜面的接缝建议与硬包预留的缝相对应。当硬包采用倒45°斜口时，建议镜面也采用车边处理，这样的结合方式可以让镜面与硬包形成更好的搭配。

在使用硬包与镜面装饰背景墙时，建议底部预留出踢脚线的高度。另外镜面与同一平面的材质，应控制在同一高度，不宜直接连接到地面，否则在日常打扫时，会存在安全隐患。

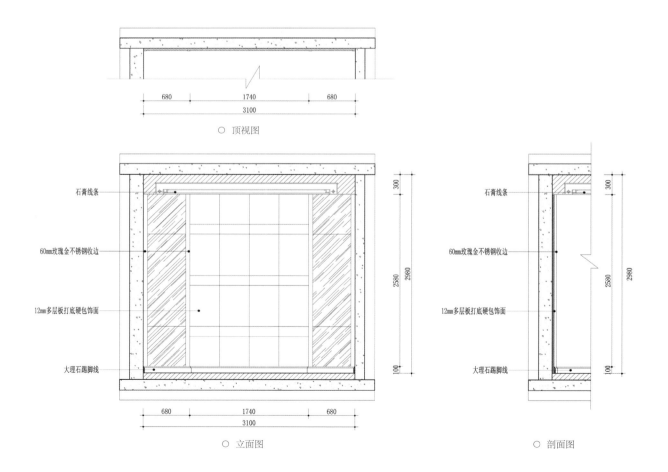

680　　　　1740　　　　680
3100
○ 顶视图

石膏线条
60mm玫瑰金不锈钢收边
12mm多层板打底硬包饰面
大理石踢脚线

300　2580　2980　100

680　　　1740　　　680
3100
○ 立面图

石膏线条
60mm玫瑰金不锈钢收边
12mm多层板打底硬包饰面
大理石踢脚线

300　2580　2980　100

○ 剖面图

◆ 叶永志设计

为了增加整体空间的储物功能，把柜子融入电视背景墙。柜门采用无把手设计显得更有整体感，在定制无把手柜门时，可采用柜门比柜体长 50~10mm 的方式，这样手指可以直接扣到凸出部分开门，也可采用安装弹跳器的方式进行设计。

电视背景墙采用黑色框体与白色门板形成了强烈对比。黑色柜体预留的尺寸须参考电视机的宽度，由于横向的面积过长，建议采用 18mm 的板材做背板固定在墙面上，防止跨度过长产生变形。

黑色柜体与大理石地台之间，采用了镂空的处理方式。镂空部分的墙面使用深色大理石进行铺贴，与地台的爵士白大理石饰面形成深浅对比。由于电视背景墙较长，大理石需要分段拼贴，建议把深色大理石的拼缝与爵士白大理石的拼缝对齐，以加强空间的整体效果。

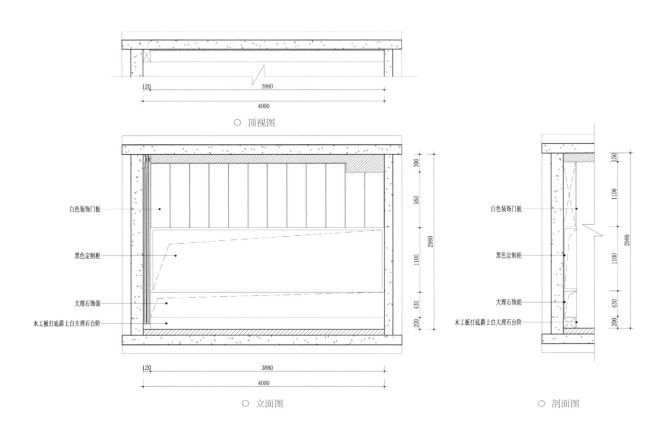

白色装饰门板

黑色定制柜

大理石饰面

木工板打底爵士白大理石台阶

○ 顶视图

○ 立面图

○ 剖面图

乡村风格墙面装饰重点

◆ 鸣石设计

乡村风格是一种以回归自然为主题的室内装饰风格，其最大的特点就是朴实、亲切、自然。乡村风格的空间设计常利用带有一定程度的田园生活气息的乡间艺术特色，营造出自然休闲的氛围。因此，在墙面装饰材料上崇尚自然元素而且不做精雕细刻，常运用天然木、石、藤、竹等材质的纹理装点空间。一定程度的粗糙和破损，反而体现出了乡村风格的装饰特色。

乡村风格墙面装饰要素

⊙ 实木护墙板

⊙ 大地色系墙面

◆ 世纪河图设计

⊙ 自然题材的做旧装饰画

◆ 曾晟设计

⊙ 斑驳质感的装饰挂件

◆ 邬锡林设计

⊙ 多种铺法的仿古砖墙面

◆ 清羽设计

⊙ 常见壁炉设计造型

◆ 上海映象设计

⊙ 墙面装饰挂盘

⊙ 天然石材的应用

⊙ 碎花、花鸟图案墙纸

◆ 南舍设计

⊙ 照片墙的应用

乡村风格墙面造型特征

乡村风格的墙面常选用天然石材作为装饰，体现对自然生活方式的追崇。由于每一块天然石材的花纹、色泽特征都会有所差异，因此必须通过拼花使花纹、色泽逐步延伸、过渡，让石材整体的颜色、花纹呈现出和谐自然的装饰品质。

天然石材在施工前最好先在地面上拼出所需要的图案，并把纹理差别比较大的挑出来。此外，不要直接用砂浆把石材铺贴到墙面上，可采取干挂的方式，或在墙面加一层木工板，然后用胶粘的方式来铺贴，以此来减少墙体开裂对石材造成的损坏。

壁炉除了能在寒冷的冬季给人温暖之外，还是家庭的活动中心以及财富的象征。乡村风格空间中的壁炉以简练、自然的设计更贴近人心。在壁炉的材质搭配上，大理石壁炉通常适用于欧式风格，而乡村风格中常见石膏壁炉或石材堆砌的壁炉。如需在壁炉上悬挂电视机，应先确定好电视机的尺寸以及隐蔽工程的预留线路。

在乡村风格中，常将壁炉的造型设计作为墙面装饰的一部分。这种壁炉造型一般采用文化砖或石膏板结合石膏线条现场制作。制作时，以木龙骨做基架，用文化砖或石膏板进行封面，壁炉底部可用红砖堆砌。此外，壁炉在做完基础后，其表面要刷清漆处理，以便于日后的清洁打理。

○ 石材堆砌而成的壁炉外形让空间内充满古典原始感，让室内与室外的大自然情调结合得更加紧密

○ 挑高空间的墙面铺贴质感粗犷自然的天然石材，与原木色三角梁吊顶形成呼应

◆ 一米家居

○ 文化砖铺贴而成的壁炉造型凸显乡村气息，成为餐厅空间中的视觉中心

○ 客厅中大面积的砖墙给人带来朴实而自然的视觉感受

裸露的砖墙是乡村风格中极具视觉冲击力的装饰元素。将原本应该暴露在室外的简陋墙面引用到室内，赋予了乡村风格空间不加修饰的自然感。此外，相对于常见的室内墙面来说，砖墙有着质地粗糙、光线反射率低的特点。如能为砖墙搭配适当的挂画作为装饰，不仅可以起到暖化空间的作用，还能让其成为空间里的视觉焦点。

○ 裸露的砖墙是乡村风格的标志之一，传递出怀旧而复古的情愫

在乡村风格的空间中，其墙面一般会使用偏自然色的乳胶漆，尤其偏爱暖色调的乳胶漆。其亲近自然的色调，不仅可以为室内空间营造清新舒适的感觉，而且自然色的墙面也容易和家具形成搭配。比如在墙面涂刷棕色、土黄色的乳胶漆，搭配一些黑漆铁艺的工艺品，能够带来自然清新的田园气息，同时还能提升家居空间的舒适度。

○ 棕色系墙面和泥土的颜色相近，与做旧的铁艺床、原木吊灯等元素形成完美搭配

◆ 曾晟设计

○ 土黄色墙面结合大量的木质元素营造出温暖宁和的美式乡村家居氛围

◆ 唐上院装饰

○ 在现代美式风格空间中，灰蓝色墙面出现的频率很高

铁艺是指以铁为主要材质，通过艺术手法做出各种花型图案的装饰元素，常给人古朴粗犷的感觉。在乡村风格的空间里，铁艺元素的运用能为室内格调增色不少。金属无所不能的延展性，赋予了空间柔美流畅、变化多端的线条，为室内装饰创造了更多的可能性，同时还增添了乡村风格自然恬淡的气质。需要注意的是，虽然铁艺非常坚硬，但在安装以及使用过程中也应该避免磕碰，因为一旦破坏了表面的防锈漆，很容易出现生锈腐蚀等情况。

案的墙纸可以给室内装饰带来更为清新的魅力。碎花、花鸟图案的墙纸可以搭配白色或者米色的墙裙进行设计，也可以与窗帘及其他布艺织物形成统一的设计效果。

○ 碎花图案适合表现田园小清新的空间气质

○ 铁艺造型不仅能作为两个功能空间的隔断，还能作为空间里的装饰元素

田园乡村风格的墙面经常用到碎花图案的墙纸，而美式乡村风格空间的墙面常见花鸟图案的墙纸。碎花墙纸一般由有序的小花图案组成，纷繁而不凌乱，能够为室内空间营造出淡雅与舒适的感觉。而且相比纯色墙面或者更为简单的白墙，碎花或花鸟图

○ 美式乡村风格墙面常以花鸟图案作为点缀，与自然融合

乡村风格的空间常使用护墙板和墙裙来装饰墙面。不仅装饰效果很强，还能很好地起到保护墙面的作用。在乡村风格中，护墙板的颜色以白色和褐色居多，材质上一般有实木、高密度板两种。而且一般会选择定做成品的免漆护墙板，这样会相对比较环保一些，而且整体效果更好。需要注意的是，在安装护墙板之前，应先在墙面上用木工板或九厘板做一个基层，这样才能保证墙面的平整性以及牢固度。

◆ 郭恒博设计

○ 现代美式风格的护墙板形式相对简洁，除了边框以外，中间部分常以墙纸或乳胶漆等材料代替

◆ 鸣石设计

○ 满墙的实木护墙板展示美式乡村风格独有的魅力

○ 半高形式的护墙板应根据整体空间层高的比例来决定高度

○ 乡村风格常见风景题材的油画，色彩上应与抱枕、花艺等软装元素相协调

3
乡村风格墙面软装节点

以鸟语花香、色彩清新为主的自然题材装饰画，是乡村风格墙面的首选装饰。在画框的款式上，不宜选择过于精致的类型，搭配复古做旧的实木或树脂相框最为适宜。此外，为装饰画选择与布艺靠包印花相同或相近的系列，可以让空间显得更有连贯性。

美式乡村风格以自然怀旧的格调，突显舒适安逸的生活。在装饰画的色彩上一般会选用暗色，而且画面往往会铺满整个实木画框，小鸟、花草、景物、建筑等图案都是常见主题。画框多为棕色或黑白色的实木框，造型简单朴实，可根据墙面大小选择相应数量的装饰画进行错落有致的排列。

○ 美式乡村风格装饰画

○ 自然题材的田园风格装饰画给人放松休闲感

乡村风格的墙面需要搭配挂件进行点缀装饰，挂钟就是其中常见的一种装饰元素。乡村风格的挂钟以白色铁艺钟居多，钟面多为碎花、蝴蝶等小清新图案，尺寸在 26~38cm 左右，其中双面壁挂钟装饰效果更佳。美式乡村风格挂钟以做旧工艺的铁艺挂钟和复古原木挂钟为主，并且颜色的选择较多，如墨绿色、黑色、暗红色、蓝色等。钟面以斑驳木板画、世界地图等复古风格画纸装饰，挂钟边框采用手工打磨做旧，规格多样。

除了一些自然材质的挂件外，在乡村风格的空间里打造一面照片墙，能让室内装饰更具生活气息。一组由多幅单体照片组成的主题式照片墙，在悬挂时可将处于内部的照片任意组合调整。只要让最外延的几张照片形成比较规则的几何图形，就可以组成精致漂亮的主题式照片墙。在相框的搭配上，选择做旧的木质相框能表现出复古自然的格调，也可以采用挂件工艺品与相框混搭组合布置，呈现出更加多元化的装饰效果。

○ 美式乡村风格挂钟

○ 自然材质编织而成的艺术挂件

装饰挂盘是美式乡村风格墙面的经典挂件，选择色彩复古、做工精致、表面做旧工艺的挂盘能让室内空间更有格调。注意墙面如果考虑装饰挂盘，最好选择砖墙或者混凝土墙，因为挂盘比较重，一般的石膏板隔墙难以承受其重量。此外，也可以在石膏板隔墙的底部加木工板加固，以保证有足够的载重能力。

○ 美式风格铁艺挂盘

○ 乡村风格照片墙

乡村风格墙面工艺解析

客厅沙发背景墙采用外凸造型结合原墙面铺贴文化砖的形式来表现乡村风格。为了表现出文化砖的装饰效果，外凸墙面造型的顶部设置了灯光作为重点照明。外凸墙面造型采用木龙骨打底，石膏板封面，因为阳角处均须圆角处理，所以建议用双层石膏板做面层。

在原墙面铺设文化砖时，先铲除墙面上的涂料层或者腻子粉层，再用环保型建筑胶涂刷封底，最后采用黏结剂进行铺贴。采用黏结剂一方面可以防止水泥泛碱，另一方面可以防止墙面的空鼓现象。

◆ 曹睿设计

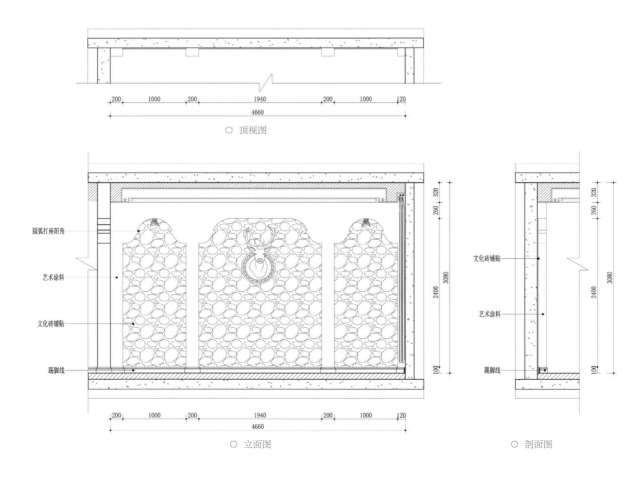

○ 顶视图

○ 立面图

○ 剖面图

圆弧打座阳角

艺术涂料

文化砖铺贴

踢脚线

文化砖铺贴

艺术涂料

踢脚线

客厅电视背景墙采用文化石、壁炉与艺术涂料的装饰组合。两侧的艺术涂料跟整体墙面的延展让空间更具整体性，中间凸出部分通过文化石的铺贴来装点空间，营造出质朴自然的氛围。文化石应尽量选择大小不一的规格，能让铺贴效果更有艺术品位。

在凸出的墙面铺贴文化石，加以白色壁炉的装饰让空间更有层次感。通常层高在 3200~4000mm 的墙面，其壁炉高度应尽量控制在墙面的一半为宜，内嵌电视机的大小根据客厅空间尺寸预留，电源以及弱电线路的点位须隐蔽在电视机的背面。

在装饰背景的处理手法上，空旷的艺术涂料墙面可通过壁灯或者其他装饰物进行点缀，以增强其整体效果及对称感。点缀物悬挂的高度一般在 1800~2000mm 为宜。

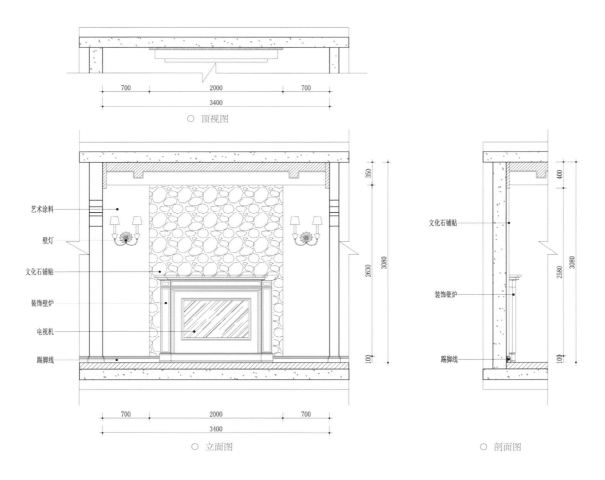

○ 顶视图

○ 立面图

○ 剖面图

◆ 曹春设计

进门玄关处通过罗马柱及装饰手绘墙纸，营造乡村风格的空间基调。一般情况下，装饰罗马柱可采用木质或者石材两种材质，如果想更好地表现自然气息，采用木质罗马柱更为适宜。如果选择定制罗马柱再进行安装的话，在测量尺寸时须预留10~15mm的缝隙，可用硅胶或者腻子粉填补，以免因地面或顶面的不平整造成安装不便。

玄关背景墙除了中间的造型部分，其他墙面均采用艺术涂料进行装饰。由于艺术涂料自身具有粗犷的颗粒感，所以在转角处理时，须把阳角的位置进行打磨处理。

手绘墙纸在众多风格的室内装饰中屡见不鲜，其画面图案与材质的选择也有一定的讲究。底面材料通常采用环保要求较高的纯纸或者无纺布材质，铺贴时，其吸附性与耐久性比其他材质更有优势。需要注意的是，装饰手绘墙纸在铺贴前须涂刷专用基膜。

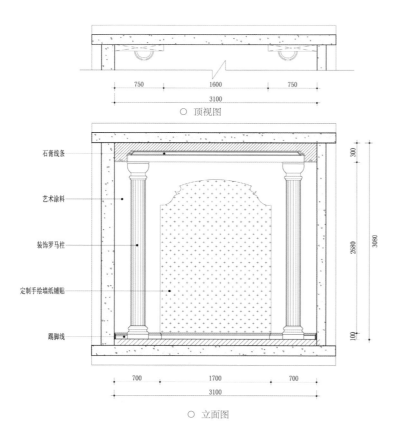

○ 顶视图

石膏线条
艺术涂料
装饰罗马柱
定制手绘墙纸铺贴
踢脚线

○ 立面图

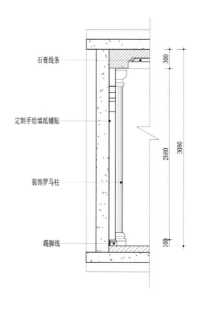

石膏线条
定制手绘墙纸铺贴
装饰罗马柱
踢脚线

○ 剖面图

文化石施工时须用木工板或水泥板做基础，用硅胶或黏结剂进行铺贴，石材须在地面上做组拼后再上墙。由于文化石的不规则拼接缝较大，建议用结构胶进行填缝，一方面可以塑造不规则缝的层次感，另一方面能增加文化石铺贴牢固度。

◆ 青客设计

背景墙采用装饰柜与护墙板增加了空间的展示功能。在定制带灯的装饰柜时，须在顶面预留灯光的电源以及检修口，因为 LED 灯光需要有变压器，留出检修口可以把变压器放在顶上，而且方便今后的检修。装饰柜层板的厚度在视觉上有一定的讲究，建议30~40mm 为宜。层板处采用 T5 灯光装饰时，藏灯管的位置须留出 40~50mm 的空隙。

在乡村风格中，壁炉几乎是必不可少的装饰元素之一。内嵌壁炉在施工前，应先根据所选的炉芯预留孔洞，如有特殊造型，须根据炉芯的造型进行打造。电子炉芯须在隐蔽工程中预留独立电源，其电源的高度应尽量留在角上，以免对孔洞安装造成影响。

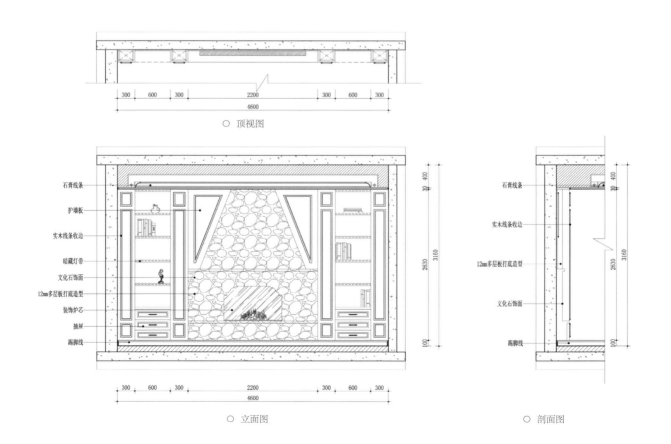

○ 顶视图

○ 立面图

○ 剖面图

在用手绘墙纸作为主体背景时，除了要考虑色彩搭配外，还应选择环保型的材料。一般采用纯纸或无纺布作为手绘墙纸的底面较为普遍，在环保级别及印刷清晰度方面都具有较大的优势。铺贴手绘墙纸时，建议采用环保的进口糯米胶。

主卧床头背景墙采用对称造型的护墙板结合手绘墙纸进行装饰，彰显乡村风格的特色与氛围。由于床头背景墙采用了木龙骨加石膏板的外凸造型设计，所以护墙板处须用多层板衬底，以便后期的安装。内嵌式护墙板需在现场测量好尺寸后才可下单定制，以保证安装的精确效果。

◆ 曹春设计

在乡村风格空间中，深色踢脚线不仅有收口的功能，还能起到增加空间稳重感的作用。乡村风格中的踢脚线高度一般要略高于其他风格，建议在150~200mm为宜。

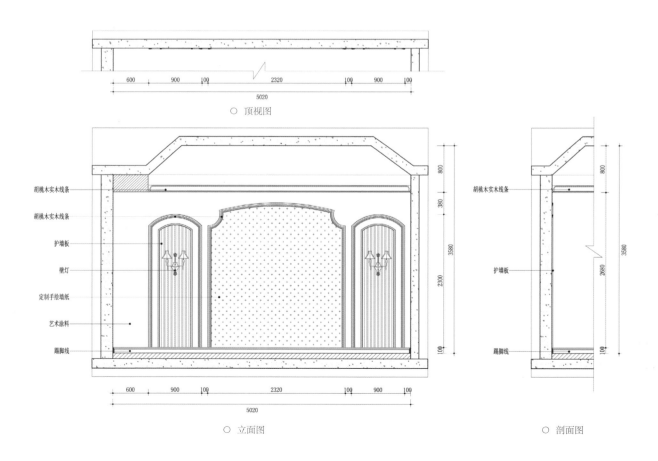

○ 顶视图

○ 立面图   ○ 剖面图

PART

07

Whole House Wall Decoration

全 屋 墙 面 装 饰 手 册

第七章

居住空间
墙面整体设计

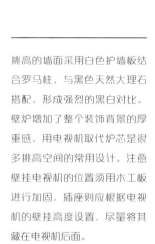

- Point
1
墙面造型设计

客厅墙面分为电视墙和沙发墙两部分，只需通过合理的造型设计，就能呈现出非常理想的装饰效果。而且能让其成为整个客厅空间的视觉中心。

挑高客厅的墙面应结合整体风格做造型，并且在设计上不宜过于复杂。建议墙面的下半部分做得丰富一些，而上半部分尽量简洁，这样不仅能避免头重脚轻的感觉，而且会显得比较大气。

挑高的墙面采用白色护墙板结合罗马柱，与黑色天然大理石搭配，形成强烈的黑白对比。壁炉增加了整个装饰背景的厚重感，用电视机取代炉芯是很多挑高空间的常用设计。注意壁挂电视机的位置须用木工板进行加固，插座则应根据电视机的壁挂高度设置，尽量将其藏在电视机后面。

○ 挑高的欧式风格客厅墙面常以壁炉造型作为中心点，罗马柱与护墙板造型呈对称设计

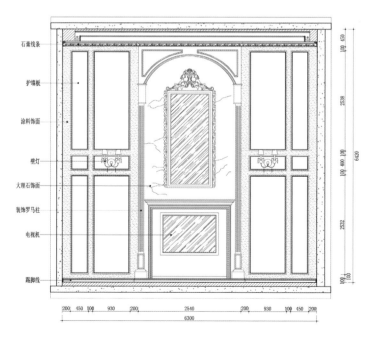

○ 挑高的欧式风格墙面立面图

如果客厅面积不大，在设计时应运用简洁、突出重点、增加空间进深的设计手法。比如选择后退感的色彩，或者选择统一甚至单一材质的设计形式，以起到在视觉上完善空间的作用。

有些老公寓房的层高在 2.6 米以下，即使不做吊顶，墙面也会显得比较矮。层高偏矮的电视墙不适合混搭多种材质进行装饰，单一材质的饰面会让墙面显得开阔不少。此外，设计时可巧用视错觉解决一些户型本身的缺陷。例如在空间相对狭小和低矮的墙面上，搭配整列式的垂直线条，可以起到提升空间高度的作用。

○ 面积不大的空间墙面常选用单一材质的装饰方式，悬挂式的电视柜可以节省出更多的空间

○ 利用竖向的垂直线条提升空间的视觉层高

将电视机嵌入背景墙中，不仅可以在视觉上增强统一感，而且对于小空间而言，也会更显开阔。在安装时应注意，电视机的后盖和墙面之间应至少保持 10cm 左右的距离，而四周则须留出 15cm 左右的空间，以保证电视机在运行中的散热和通风。

在客厅采用镜面做背景墙，不仅有延伸空间的作用，而且还能给客厅带来强烈的现代感。如果觉得直接用镜面作为背景墙会觉得单调，可考虑将镜面设计成菱形或在设计镜面时搭配装饰画、壁饰等元素，丰富背景墙的装饰层次。

○ 电视机嵌入墙面的设计

电视机嵌入墙面的设计让整个电视背景墙的整洁度大大提升。需要注意是，电视机的尺寸大小须根据客厅面积做好预估尺寸的预留，以免后期购买电视时，因预留内嵌框尺寸太小，造成与整体空间比例不协调或观感不佳等问题。

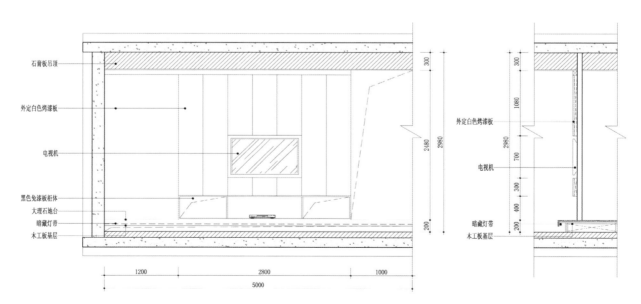

○ 电视机嵌入墙面的细节立面图　　　　　　　　　　　○ 电视机嵌入墙面的细节剖面图

电视柜对于客厅墙面的装饰有著格外重要的作用。电视柜的尺寸要根据电视机的大小来决定。一般电视柜的长度要比电视机的宽度至少要长三分之二，深度为450~600cm，高度为600~700cm。对于面积不大的公寓房来说，合理利用定制家具设计电视墙空间，会带来较大的收纳作用。比如将整个背景墙设计成一个组合式的电视柜，用于摆放电视以及收纳日常用品，不仅达到了一柜多用的效果，而且由于柜子覆盖了整个墙面，周环空间的融合度丝毫不会受到影响。

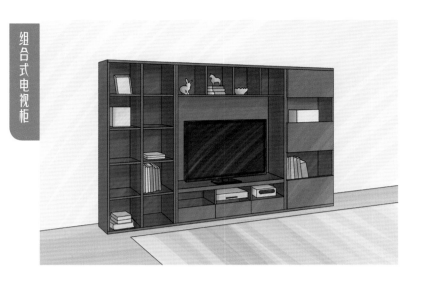

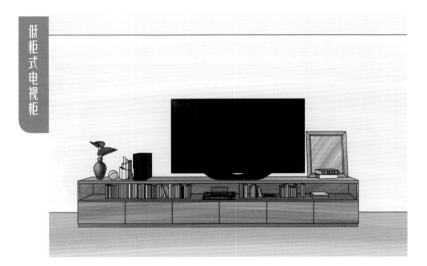

2
墙面软装设计

客厅空间除了基础的墙面装饰，电视墙和沙发墙等墙面的软装搭配也十分重要。将客厅墙面的软装元素在风格上保持统一，不仅能让整个空间显得更加连贯，还可以营造出非常好的协调感。

如果选择单幅挂画作为客厅墙面的装饰，最好选择尺寸较大的装饰画，不仅能营造视觉焦点，还能支撑起整个空间的气场。如果悬挂双联画，则应选择同一系列的画作，不仅有着相似的元素和色调，而且两个画面所表达的主题也十分统一。如果是三联画的话，一般会将一张画拆开分成三幅，也有将同一个系列融合在一起的，具体可根据客厅空间的整体装饰风格进行选择。

○ 同一幅画的内容拆分成三联画

○ 单幅装饰画尺寸不宜过小，画面内容能制造视觉冲击力

○ 双联画的色彩和所表达的主题应遵循统一的原则

在客厅中设计照片墙是一种非常简单温馨的装饰手法，但在照片的选择上要有一些需要注意的细节。照片墙的尺寸可以根据墙面面积进行调节，相框颜色则须和客厅的整体风格相一致。如果觉得矩形的相框略显呆板，也可以选择圆形或不规则形的设计。如果相框数量较多，尺寸差异也较大的话，可选择上下轴对称的设计形式。

在欧式风格家居中，常常会在客厅壁炉的上方，或者沙发背景墙上悬挂华丽的装饰镜，以提升空间的古典气质。而一些客厅比较狭长的户型，可在侧面的墙上挂装饰镜，起到横向扩容的效果，让空间显得更为宽敞。在装饰镜的尺寸以及颜色上，可以根据客厅的面积以及格局进行选择。

◆ 马思设计

○ 照片墙的设计可给客厅空间带来浓郁的生活气息

◆ 牧杉室内设计

○ 欧式风格客厅的壁炉上方常以装饰镜作为主要的软装元素

第二节

餐厅墙面整体设计

Whole
House
Wall
Decoration

墙面造型设计

餐厅墙面设计的好坏，不仅会直接影响用餐时的心情，还会影响整体家居的设计品质。黄色和橙色等明度高且较为活泼的色彩，会给人带来暖暖的温馨感，并且能很好地刺激食欲。在局部的色彩选择上，可考虑白色或淡黄色。

镜面是餐厅空间里十分讨巧的装饰材料。有些餐厅空间的格局较为狭小局促，如果将餐桌靠墙摆放，容易形成压迫感。这时可以选择在墙上装一面比餐桌稍宽的长条形镜子，这样不仅能消除靠墙座位的压迫感，还可以增添用餐时的情趣。镜子的安装方式也多种多样，一般建议在镜子底部用木工板垫底，最

○ 明度较高的暖色系墙面更容易激发人的食欲

○ 利用镜面消除餐厅靠墙座位的压迫感

好不要在墙面上直接安装。虽前期不会有影响，但是时间长了镜子底部可能会出现花镜的现象。

如果餐厅和客厅相连，可把餐厅一面墙和顶面做成连贯的造型，既可以营造餐厅的氛围，也可将本来相连的客厅从顶面和立面进行巧妙划分。在造型上，可用出彩的乳胶漆，或色彩图案夸张的墙纸及其他木质、石膏板材料进行装饰。再搭配一定的辅助光源，可以完美提升空间的层次感。

当顶面和墙面都需铺贴木饰面板时，须注意先后顺序。通常是先贴顶面，再利用墙面木饰面板的厚度，增加顶面木饰面的边缘支撑力。

○ 餐厅背景墙和顶面做成连贯的造型

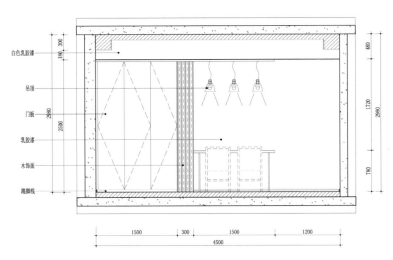

○ 餐厅背景墙和顶面连贯的造型剖面图

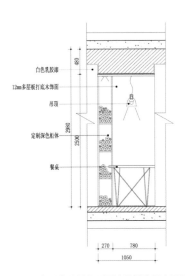

○ 餐厅背景墙和顶面连贯的造型立面图

为餐厅空间的墙面搭配合理美观的软装元素，能给用餐环境以及用餐过程增加更多的仪式感和情趣。如果餐厅是开放式的设计，在搭配墙面软装时，应考虑餐厅与客厅以及厨房空间的协调性，以确保餐厅空间能够完全地融入整体家居环境中。如果选择在墙面上使用壁饰进行装饰，那么壁饰的色彩与材质，应尽量与空间里的其他元素统一。例如餐具的材料如果是带金色的，在壁饰中也加入同样的色彩，有利于空间氛围的营造。

餐厅装饰画的内容可选择蔬菜、水果、花卉和色块组合的主题。在悬挂时，建议将画的顶边高度控制在空间顶角线下60~80cm的位置，并居餐桌中线为宜。此外，餐厅墙面的装饰画选择横挂或竖挂，须根据墙面的尺寸或餐桌摆放方向而定。如果墙面较宽、餐厅面积较大，可用横挂画的方式装饰墙面；如果墙面较窄，餐桌又是竖着摆放的话，可考虑将装饰画竖向排列，以减少拥挤感。

○ 墙面壁饰与餐桌摆饰在材质、色彩等细节上的呼应可给空间带来和谐的视觉效果

○ 较宽的餐厅墙面适合用横挂画的方式进行装饰

◆ 邸舍设计 & 乐尚设计

○ 装饰画与壁饰混搭的餐厅墙面装饰方案

在餐厅背景墙上使用镜面作为装饰，能为用餐环境营造一个良好的氛围。此外，镜面的反射作用还有益于改善餐厅空间的光照效果，对于提升食欲以及放大空间都能起到一定的作用，因此十分适合将其运用在餐厅空间中。在餐厅墙面悬挂镜面时，应注意其位置的合理性，一般选择较为显眼空阔的区域即可。

◆ 上上国际设计

◆ 意境设计

○ 较窄的餐厅墙面适合竖向挂画的方式

○ 装饰镜是最适合餐厅墙面的软装元素，能起到放大空间的作用

酒柜也是餐厅墙面装饰的一部分。酒柜的尺寸很重要，一般根深不宜太深，否则会占用过多空间。具体应根据餐厅的大小进行设计，长度可根据需要定制，深度可做到40~60cm，高度80cm左右，此时可以选择200cm左右的高柜，甚至直接做到顶，增加储物收纳功能。酒柜在设计形式上可分为低柜式酒柜、半高式酒柜、整墙式酒柜和入墙式酒柜。

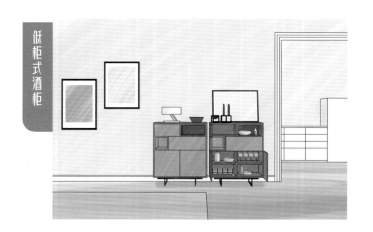

低柜式酒柜

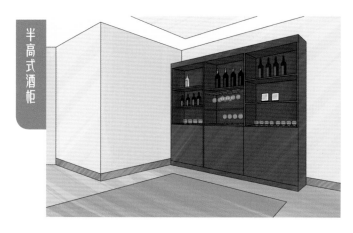

半高式酒柜

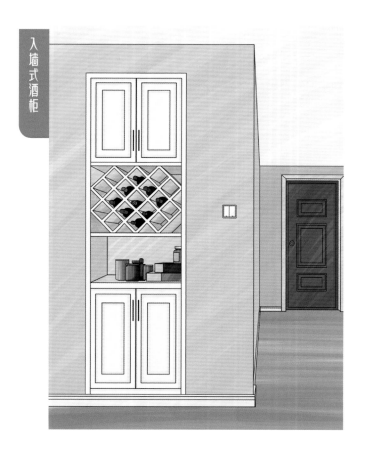

入墙式酒柜

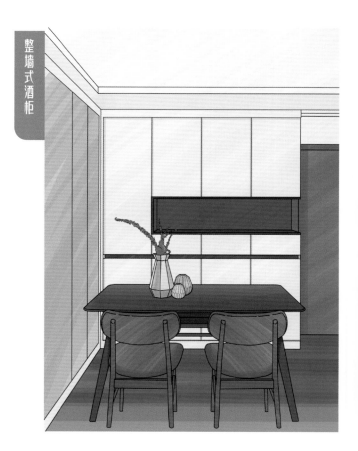

整墙式酒柜

– Point –

1

墙面造型设计

卧室中的墙面可分为床头墙和床尾墙两部分，其中床头墙是整个卧室空间的装饰重点。卧室墙面应以暖色调和中性色为主，除了过冷或反差过大的色调应尽量少用之外，还要考虑和家具、配饰的色彩以及款式是否相适应。此外，卧室墙面的颜色还要根据空间的大小而定。大面积卧室可选择多种颜色来装饰；而小面积卧室的墙面颜色最好以单色为主，因为单色的卧室空间会显得更宽大。

◆ 朱兰设计

○ 中性色通常是卧室墙面色彩最常见的选择之一

在装饰卧室墙面时，材料的搭配也十分重要。除墙纸外，软包也是床头背景墙出现频率较高的装饰材料，无论是配合墙纸还是乳胶漆，都能够营造出大气又不失温馨的就寝氛围。此外，在设计时除了要考虑好软包本身以及墙面的厚度，还要处理好相邻材质之间的收口问题。

○ 软包墙面质地柔软，适合营造卧室空间的温馨感

为了体现卧室空间的装饰风格，很多人会选择在床头背景墙设计出护墙板的造型。在设计前确定好床的尺寸，可在后期墙面的设计和施工中避免很多不必要的麻烦。比如床头两边插座的排布一般有常规的高度尺寸，而美式风格的床相对较高，如果按照常规尺寸排布，可能会被家具挡掉。此外，如需在卧室墙面做半高的护墙板，要确保做好后的护墙板比床背高，如果比床背低，就达不到应有的装饰效果了。

手绘墙纸是美式风格和新中式风格卧室墙面最为常见的装饰元素。以花鸟或山水为主要内容的手绘墙纸，可打造出一面生动自然的背景墙。在现代风格的卧室中，经常会在墙面上使用金属和玻璃材料作为装饰，营造出现代轻奢的空间氛围。需要注意的是，这两种材料一定要经过磨砂处理，并且不能带有太强烈的反光性，否则可能会对居住者的睡眠造成影响。

○ 在卧室墙面装饰半高的护墙板，应事先了解床背的高度

○ 利用金属与镜面材料装饰卧室墙面，营造轻奢品质感

○ 花鸟图案手绘墙纸装饰的墙面强调空间的自然气息

○ 雕花镜面既富装饰性，又能避免过于强烈的反光对睡眠造成影响

2
墙面软装设计

由于床和衣柜的大面积占地，会导致卧室空间不能再放入太多的装饰物。因此，很多人会选择在墙面上搭配壁饰来装饰卧室空间。墙面最好是经过硬包或软包的处理，装饰效果会更加精致，但底色不宜太深，也不能太花哨。

如在卧室使用装饰画点缀墙面，搭配一两幅精心挑选的装饰画就已足够，使整个空间显得简约温馨。除婚纱照或艺术照外，人体油画、花卉画以及抽象画都是不错的选择。在悬挂时，装饰画的底边应在离床头靠背上方 15~30cm 处，或顶边离顶部30~40cm 为宜。

卧室中的装饰镜除了可以用作穿衣镜，还能起到放大空间的作用。还可以在卧室的墙面上设计一些几何图形，并在里面安装镜子，既有扩大空间的效果，又能使卧室空间更具个性。此外，装饰镜不仅可以用在卧室的墙面上，也可以把衣柜门换成镜面装饰，使空间有横向扩展的感觉。

◆ 广州亦境设计

○ 经过软包或硬包处理的卧室墙面更能衬托出壁饰的精致感

○ 卧室床头墙上的装饰画尺寸宜小于床背的宽度，这样在视觉上显得更为协调

◆ 何敦清设计

○ 衣柜门换成镜面装饰，提升亮度的同时把室内的自然风景引入室内

◆ 迦曼嘉设计

○ 在床侧边的墙上挂画，与金属几案形成一处端景

第四节

儿童房墙面整体设计

Whole
House
Wall
Decoration

墙面造型设计

儿童房的色彩应确定一个主调，这样可以降低色彩对视觉的压力。墙面的颜色最好不要超过两种，因为墙面颜色过多，会过度刺激儿童的视神经及脑神经，使孩子由兴奋变得躁动不安。儿童房的空间氛围，须通过强对比的色彩组合来实现，因此不论是墙面、地面，还是床品、灯饰等，颜色的纯度和明度往往较高。比如女孩房的硬装部分可以选择简单的白墙，而软装可以选用黄色、蓝色、粉色等颜色作为空间的主要色彩框架。

为了孩子的健康成长，儿童房在装饰材料的选择上，应以无污染、易清理为原则。尽量选择天然的材料，并且中间的加工程序越少越好。在墙面刷漆的这个环节上，不仅要选择环保的涂料，还要保持房间的通风，同时也要注意刷漆的工艺。

在儿童房墙面使用可塑性极强的硅藻泥也是一种理想的选择。在装饰时可做出丰富的肌理效果，例如用硅藻泥将孩子喜欢的图案做在墙壁上，不仅可以装饰房间，同时也满足了孩子的爱好需求。

如果能在儿童房中设计一面黑板墙，就多了一个让孩子随着想象挥手涂鸦的空间，稚嫩简单的线条，可以涂绘出孩子的纯真世界。在为儿童房设计黑板墙时，应选择安全环保的黑板漆，油性黑板漆味道大，而且不环

○ 对比色组合搭配的儿童房空间显得活力十足

○ 黑板墙的设计让孩子多了一处随处涂鸦的空间，有助于培养孩子的想象力

保，因此不推荐在儿童房中使用。儿童房更适合搭配水性黑板漆，水性黑板漆是一种环保型黑板专用漆，无毒无味，而且不含重金属以及游离 TDI 等对人体健康及环境有损害的物质，是一种性能优良的新型涂料。

与墙纸相比，墙绘比较随性、富有变化。让孩子畅想美好的童话故事，或感受维尼熊家族的生活乐趣，或满足生活在海底世界的美好愿望。儿童房墙绘一般选择卡通和童话图案，不同的孩子对卡通图案的喜好不同，因此可根据他们的喜好以及装饰的整体风格进行绘制。

在为儿童房墙面搭配墙纸时，一定要结合孩子的实际情况进行综合考虑。男孩与女孩的心理和爱好都各不相同，因此在墙纸的颜色搭配上也有所区别。如男孩房可以用一些蓝、绿、黄等配上蓝天、大海等主题的图案，以满足男孩子对大自然的渴望。而女孩房则可以用一些粉红、粉紫、湖蓝、暖黄等配上一些花花草草的装扮，打造出一个清新活泼的公主房。

◆ 子时国际设计

○ 卡通图案的墙绘营造出童话王国的感觉

◆ 东方婵韵软装

○ 女孩房墙纸色彩搭配

○ 男孩房墙纸色彩搭配

墙面软装设计

　　儿童房的墙面软装主题应以健康安全、启迪智慧为主。此外，还要考虑到空间的安全性以及对小孩身心健康的影响，不宜用玻璃等易碎品或易划伤人的金属类壁饰。可搭配一些孩子自己喜欢或能够引发想象力的装饰，如儿童玩具、动漫童话壁饰、小动物或小昆虫壁饰、树木造型壁饰等。也可以根据儿童的性别选择不同形式的墙面壁饰，鼓励儿童多思考、多接触自然。

　　此外，在设计儿童房的墙面软装时，还应考虑到性别上的差异。如男孩房可以增加一些和运动有关的壁饰、装饰画等元素，不仅装饰感强，还可以起到激发男孩运动细胞的作用。而女孩房在布置墙面软装饰品时，要满足女孩子爱幻想、爱漂亮、爱整洁的心理特点，为其打造出一个神秘且梦幻的空间。

○ 满墙海洋生物造型的壁饰让孩子仿佛置身于海底世界

○ 每个男孩心中都幻想着成为超人或者蜘蛛侠这样的超级英雄

◆ 联智营造设计

○ 古筝造型的壁饰迎合了小主人的兴趣爱好

儿童房的墙面空间可适当搭配一些颜色鲜艳、知识性强的挂画，如带有可爱动物图片的拼音、优美和谐的风景画等。还可以把孩子自己动手完成的画作以及手工作品悬挂在墙上，以提高孩子的自信及审美能力。需要注意的是，由于儿童房的空间一般都比较小，所以选择小幅的装饰画做点缀比较好，同时最好不要选择抽象风格的后现代装饰画。

○ 富有童趣的卡通图案装饰画迎合孩子天真活泼的特性

○ 英文字母与阿拉伯数字的装饰画具有启蒙教育意义

- Point

- 1

墙面造型设计

　　过道在家居中是一个相对较为狭窄封闭的空间，因此其墙面不宜做过多装饰和造型，以营造大气宽敞的视觉感。如果家里有小孩，不妨把过道白墙改成黑板墙，给孩子创造一个发挥绘画能力的小空间。有了黑板墙，再也不用担心大白墙被涂花，而且相比大白墙，黑板墙的装饰效果会更加突出并富有童趣。

　　许多户型一开门就直对过道尽头的端景墙，这面墙是人们最先看到的风景。可以在端景台上摆放一些花瓶、台灯、装饰画或其他摆件，也可以打造一个展示柜或者收纳柜，摆放一些小的装饰品或者收纳一些小物件，不仅装饰了过道，还增加了室内的收纳

◆ 唐晓年设计

○ 悬挂大尺寸单幅装饰画的过道端景设计

◆ 伏见设计

○ 大面积的黑板墙描绘了轻松快乐的画面，显得活泼有趣

空间。为端景墙搭配装饰画也是比较常见的一种装饰方法，在选择装饰画时，要注意和过道的整体风格相搭配，不要显得太突兀。如果喜欢绘画，也可以用墙面彩绘来替代装饰画，不仅装饰效果好，还能为家居营造别样的艺术氛围。

◆ 冷元宝设计

○ 兼具收纳与装饰功能的过道端景设计形式

○ 端景台搭配装饰画的设计形式

一般家居的过道大多属于狭长形，空白的墙面总显得过于单调和沉闷，因此需要为其搭配软装元素。错落有致的装饰画非常适合过道装饰，搭配统一的画框修饰，能让空间显得更加完整。如果过道空间较为狭小，墙面采用较小的装饰画会更为灵活、轻巧。如果过道空间较大，则可以采用大画幅的艺术画装饰，不仅能够充当墙纸，还能带来强烈的视觉冲击感，并让过道更具艺术气质。

在楼梯过道处搭配装饰画，不仅能带来美化空间的效果，还能起到提醒空间转换的作用。一般楼梯间适宜选择色调鲜艳、轻松明快的装饰画，既可以单幅挂放，也可以用组合画根据楼梯的形状错落排列。此外，也可以选择自己的照片或喜欢的画报，将其打造成一面个性的照片墙。

○ 错落排列的组合画具有引导视线的作用

◆ 多角度空间设计

○ 单幅高纯度色彩的装饰画成为楼梯间的点睛之笔

◆ 臻品空间设计

○ 错落有致的黑白装饰画打破墙面的单调感，注意整体宽度不宜超过柜子宽度

在过道的一侧墙面安装大块装饰镜，既显美观，又可以提升空间感与明亮度，最重要的是能缓解狭长形过道带给人的不适与局促感。需要注意的是，过道中的装饰镜宜选择大块面的造型，横竖均可，面积太小的装饰镜起不到扩大空间的效果。

◆ 木炉设计

○ 高低错落随意布置的过道照片墙

○ 过道墙上的装饰镜提升空间感与明亮度

由于过道空间较为狭小，因此一般适合搭配竖版照片，以增加空间感和纵深感。如果过道上没有柜子，可随意选取几张生活照或旅游风景照挂在墙上。若过道上有柜子，那么在设计照片墙时，应结合柜子一起考虑。如果过道柜上没有任何台灯、花瓶等摆件，可以把照片组合成一个略窄于柜子宽度的形状。如果过道柜上有其他摆件，则应把摆件所形成的视觉效果考虑进去。

○ 结合柜子以及台面上的摆件设计过道照片墙

第六节

厨房墙面整体设计

Whole
House
Wall
Decoration

- Point 1
墙面造型设计

厨房墙面的色彩应以浅色和冷色调为主，例如白色、浅蓝色、浅灰色等。这些色彩会使身处高温、多油烟环境下的人，感到舒畅和愉悦，并且能增加空间视觉感，让狭小的厨房空间没那么沉闷、压抑。此外，厨房墙面的颜色还可以和橱柜的颜色相匹配，看上去会显得非常整洁大气。

很多乡村风格的厨房墙面，会选择使用砖红色或灰色系并带有仿古特质的墙砖进行设计，再加上腰线对其进行点缀，可取得非常出色的装饰效果。对于现代风格的厨房空间，在墙面铺贴黑与白两种色系的墙砖，能给厨房营造强烈的时尚质感。如果觉得色彩过于张扬，可选用带浅淡纹理的灰色墙砖，其装饰效果也十分出色。

◆ 伊派设计

○ 冷色系的厨房墙面具有一定的降温作用，适合高温环境

○ 白色的厨房墙面给人以清爽感，而且在视觉上可以增大空间感

厨房墙面的选材，应首先考虑到防火、防潮、防水、清洁等问题。灶台区域的墙面离油烟近，容易被油污溅到，因此可以选择容易清洁的墙砖进行铺贴，其中以品质较好的亚光釉面砖为首选。尺寸大小也是厨房墙砖需要考虑的重要因素之一。目前市面上常见的墙砖规格在300mm×450mm至800mm×800mm之间。由于厨房的面积一般比较小，最好选择300mm×600mm的墙砖，这样既不会浪费墙砖又能保持空间的协调性。如果想在厨房墙面做一些瓷砖铺贴上的变化，在设计时不能太过随意。尤其是花片的位置要结合橱柜的方案考虑，比如侧吸油烟机就不适合在灶台处贴花片。此外，还须计算好图样的尺寸，以保证瓷砖花片的完整。

○ 利用仿古花砖拼贴成富有艺术感的画面，注意应先算好图样的尺寸

如果选择在厨房墙面铺贴仿古小砖，装饰气氛要设计腰线对其进行辅助装饰。在设计时，应根据橱柜还有厨房的窗户算好高度，才能让腰线保持连贯不间断。根据高度可根据使用者的身高进行定制。台面的离地高度，加上台面贴墙的后挡水条的高度，才是腰线最下端离地的最小距离。

○ 斜铺的墙砖搭配多色竖向混铺的条砖，制造出丰富的视觉变化

墙面软装设计

　　厨房在家居中是用于烹饪的场所，通常不会为其搭配太多的软装元素，因此容易产生枯燥沉闷的感觉。除了利用厨具作为墙面装饰外，还可以在厨房的墙面悬挂一组色彩明快、风格活泼的装饰画营造装饰焦点。厨房墙面适合悬挂以贴近生活为题材的画作，例如小幅的食物油画、餐具抽象画、花卉图等。也可以选择一些具有饮食文化主题的装饰画，让厨房空间充满生活气息。此外，在装裱厨房装饰画时，应选择易擦洗、不易受潮以及不易沾染油烟的材质。

○ 利用不同色彩的厨具作为墙面软装设计元素

○ 在搁板陈列碗碟，实用的同时富有观赏性

○ 厨房装饰画应选择不易受潮和不易沾染油烟的材质进行装裱

墙砖是卫浴间墙面装饰使用最多的材料。在搭配时，因多数卫浴间的面积都不大，所以应尽量选择浅色，或采用下深上浅的方式来铺设，以增强空间感。如果空间比较小，可选择小块瓷砖，并采用菱形或者不规则的铺贴方式，在视觉上拉大空间感。在现代风格的卫浴间中，利用墙砖的纹理、色彩和造型，在坐便区、淋浴区或盥洗区，打造一面主题背景墙是十分常见的做法。

○ 在盥洗台上方利用色彩丰富的花砖打造一面主题背景墙

○ 用两种规格尺寸的白色墙砖铺贴墙面，形成整体的同时又产生细节上的变化

第七节

卫浴间墙面整体设计

Whole
House
Wall
Decoration

在卫浴间墙面铺贴马赛克能起到很好的装饰效果，无论是整体拼贴还是作为局部点缀，都能改变整个卫浴间的气氛。在色彩搭配上，除了传统的灰色、黑白色之外，彩色的玻璃马赛克也是十分不错的选择。

除马赛克外，防水漆也十分适用于卫浴间的墙面装饰，不仅方便施工，效果明显，而且非常容易清理，同时还能起到防止墙体发霉的作用。防水墙纸是卫浴间墙面的装饰新材料，通常防水墙纸比一般墙纸要厚 6 倍左右，而且很有弹性，遭水反复浸泡也不会像普通墙纸那样出现掉色、脱落等问题。

○ 防水漆墙面在方便施工的同时也易于清理

◆ Baptiste Bohu 设计

○ 黑白色马赛克铺贴的卫浴间墙面

在卫浴间中，装饰腰线是比较常见的一种做法，可以在视觉上提升卫浴间的层次感。腰线也有粗细之分，细腰线较为整齐划一，粗腰线更能凸显卫生间的个性化，视觉效果更加明显。一般来说，腰线高度约在距离地面0.6~1.2m之间的位置，对于空间布局较大的卫浴间可适当降低腰线的高度，使空间层次感更强。而小户型的卫浴间应适当提高腰线的高度，使空间看起来更加修长。此外，还可以采用双腰线或多条腰线丰富空间的变化。腰线的高度很有讲究，如果腰线高过窗台，在窗户处就会断掉，没有连续性。腰线低过台盆的后挡水高度，就会被盥洗台遮掉。此外，一些立体腰线还会影响盥洗台的安装，所以腰线的高度应高过盥洗台，低于窗台。

○ 卫浴间腰线的高度宜尽量高过盥洗台，低于窗台

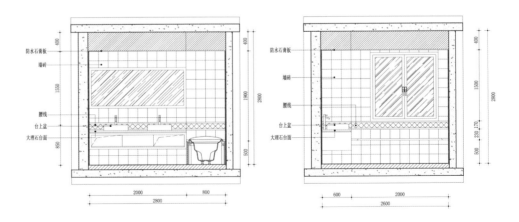

○ 卫浴间腰线设计立面图

在卫浴间铺贴瓷砖时，设置一定高度比例的腰线可以增加层次感，也可以采用不同形式进行铺贴，起到衔接与过渡作用。卫浴间腰线的高度有一定的讲究，一般设置在窗台下方，洗手盆的台面上方，这样除了门洞以外，其他四周的墙面均可连成线。腰线的宽度尺寸设置在100~150mm为宜。

由于卫浴间的水汽较多，墙面长时间接触潮气，易起皮脱落，所以大部分人会使用墙砖铺贴卫浴间的墙面。但卫浴间的墙砖不一定都要贴到顶，有时只需把淋浴区域的墙面用墙砖贴到顶就可以。像干区、浴缸、马桶间等区域，可考虑把墙砖贴到 1~1.2m 之间的高度，上半部分采用其他材料进行装饰，如墙纸、乳胶漆等，这样既节约成本，也能形成独特的装饰效果。需要注意的是，在卫浴间内使用的墙纸或乳胶漆，须具备一定的防水性能。此外，墙砖与其他材料的交界处，应尽量使用收口线条进行过渡。

○ 卫浴间干区的下部墙面铺贴墙砖和马赛克，上部墙面涂刷防水漆，施工时应注意两者之间的收口问题

○ 卫浴间壁龛设计

在卫浴间墙上设计壁龛，不仅不占面积，还具有一定的收纳功能。如果为其搭配适当的装饰摆件，还能提升卫浴间的品质。制作壁龛时，其深度受到构造上的限制，而且要特别注意墙身结构的安全问题，最重要的一点是不可在承重墙上制作壁龛。壁龛的高度差不多在 30cm 左右，表面一般需要铺贴瓷砖，也可以用不锈钢制作，以便于日后打扫，而且能起到防水防潮的作用。如果卫浴间墙面的墙砖都是以小砖为主，建议壁龛以整块砖或者大理石来做，不要以半砖来拼接施工，这样才能保障精准性，以免多次返工。壁龛的层板可采用钢化玻璃制作或预制水泥板表面贴瓷砖来完成。

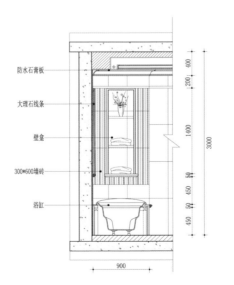

防水石膏板
大理石线条
壁龛
300*600墙砖
浴缸

○ 卫浴间壁龛设计立面图

卫浴间壁龛可采用钢筋浇筑贴砖，然后结合不锈钢层板、玻璃层板以及大理石层板等进行制作。其每层高度不宜小于 350mm，宽度则应根据空间的实际尺寸定制。不管采用何种形式制作壁龛，施工时都应当把里口的瓷砖向外口倾斜 50~100mm，让其在遇水时可以自然外淌。

卫浴间的光线较弱，而且湿度较大。因此，选择防水耐潮材料的立体墙面壁饰，对其进行装饰更为合适。需要注意的是，卫浴间的墙面壁饰数量不宜过多，而且在色彩搭配方面应尽量低调。只需少量点缀装饰品，即可驱散卫浴间的单调感。

○ 卫浴间的壁饰除考虑美观之外，还应选择防水防潮的材料

为体现家居装饰的艺术性，越来越多的家庭选择在卫浴间的墙面上悬挂装饰画。需要注意的是，卫浴间内的环境较为潮湿，因此在选择装饰画时，应考虑其防水防潮的需求。如果干湿分区，那么可以在湿区挂装裱好的装饰画，干区建议使用无框画。卫浴间内的装饰画，其色彩应尽量与卫浴间墙砖的色彩相协调。

◆ Kim.Studio 设计

○ 卫浴间内的装饰镜，映衬出了装饰画的朦胧美

○ 与整体色彩相协调的黑白装饰画给空间增加艺术气息

○ 色彩艳丽的装饰画为灰色系卫浴间带来强烈的视觉冲击力

李戈

上海季洛设计创始人　　从事环境艺术设计专业　　12 年室内设计从业经验　　国际注册高级室内建筑师

国际建筑装饰室内设计协会高级设计师　　亚太空间设计师协会会员　　中国建筑装饰协会会员

中国室内装饰协会注册高级室内设计师　　国内外多家权威设计家居杂志、专业类图书、媒体等特邀点评专家

倡导"构筑精致设计、筑品位生活、空间有大小、设计无界限"的理念，并将这一理念服务于每个空间，对各类空间功能的整合和规划，以及空间色彩的搭配和融合有着自己独到的思路和见解，从业经验丰富，精通室内材料的应用与施工工艺。

作品"明泉·濮院"荣获 2017 年 CBDA 设计奖"公寓／别墅空间类"银奖

作品"绿地 21 世纪城"荣获 2017 年度中国设计品牌大会住宅公寓品牌空间最具创新奖

荣获 2018 亚太空间设计大奖赛二等奖

荣获 2018 年度中国装饰设计奖（CBDA 设计奖）公寓／别墅类"装饰行业杰出专项设计师"奖

荣获 2018 年度中国装饰设计奖（CBDA 设计奖）商业空间工程类金奖

作品"淡泊欧雅"荣获 2018 年度中国设计品牌大会住宅／公寓空间作品年度商业价值奖

上海季洛设计是一家集室内设计、软装设计、施工售后于一体的环境艺术设计公司，专为精装住宅、别墅、样板房、私人会所及商业办公、酒店民宿、地产售楼处等提供线上线下全案设计服务，致力为每一个空间实现其最大化的价值。

李红阳
本书特邀色彩专家

大连工业大学设计艺术学研究生毕业，现任沈阳城市建设学院设计与艺术系讲师。具有多年地产样板间和售楼处的软装设计经验，服务过万科、金地、万达、保利和融创等国内大型地产商。曾就职于北京菲莫斯软装培训机构，任高级讲师，培养出大批国内优秀软装设计师。

赵圆梦
本书特邀施工图绘制

毕业于上海大学环境艺术设计专业，具有多年室内设计师从业经验，2018 年被评为优秀室内设计人。倡导室内设计的目的就是创造满足人们物质和精神生活需要的室内环境。

徐开明
本书特邀软装专家

曾就读于中央美术学院，现为杭州升思装饰设计总监。从业 15 年，是国内专业从事软装设计的先行者，具有较高的审美能力和艺术鉴赏力。倡导空间，功能及人文有机融合的设计理念。在浙江、江苏等多地主持过多家知名房地产企业、酒店、民宿的室内和软装设计工作。